农牧废弃物 处理与利用

魏章焕 主编

中国农业科学技术出版社

图书在版编目(CIP)数据

农牧废弃物处理与利用 / 魏章焕主编. —北京:中国农业科学技术
出版社,2016.1

ISBN 978—7—5116—2489—5

Ⅰ.①农… Ⅱ.①魏… Ⅲ.①农业废物—废物处理②畜牧业—废物
处理③农业废物—废物综合利用④畜牧业—废物综合利用 Ⅳ.①X71

中国版本图书馆 CIP 数据核字(2016)第 003968 号

责任编辑	崔改泵
责任校对	马广洋

出 版 者	中国农业科学技术出版社
	北京市中关村南大街 12 号　邮编:100081
电 话	(010)82109194(编辑室)　　(010)82109702(发行部)
	(010)82109709(读者服务部)
传 真	(010)82106650
网 址	http://www.castp.cn
经 销 者	各地新华书店
印 刷 者	北京富泰印刷有限责任公司
开 本	889mm×1194mm　1/32
印 张	7.875　彩插　4 面
字 数	212 千字
版 次	2016 年 1 月第 1 版　2016 年 1 月第 1 次印刷
定 价	35.00 元

现代农业

粮食基地

蔬菜基地

生猪基地

生态农业

油菜花香

桃花盛开

树下养鸡

农业废弃物治理

堆肥
好氧发酵

蚯蚓养殖

沼气发电

沼气厌氧发酵

农牧废弃物利用

植被草毯

秸秆打捆回收

食用菌

秸秆煤

氨化饲料

有机肥

编 委 会

主　　编：魏章焕

副主编：张　硕　葛超楠　刘荣杰

编　者：（按姓氏笔画排序）

王　斌　叶培根　史努益　刘荣杰

齐　琳　吴碧波　张　硕　陆新苗

陈军光　葛超楠　魏章焕

序

　　农业本身是一种生态产业，不仅具有物质生产的经济功能，而且还有涵养生态、保护环境、调节气候等功能，但很长时间里，农业的经济功能被广为关注，其作为生态文明建设的重要意义未得到足够重视。

　　浙江人多地少，依靠传统资源消耗和物质投入的粗放型生产经营方式难以为继。早在 2003 年，习近平总书记（时任浙江省委书记）就审时度势提出"高效生态农业"的战略思路，强调"绿水青山就是金山银山"的发展理念。2014 年，农业部正式批复支持浙江开展现代生态循环农业试点省建设，成为全国唯一的试点省份。目前，浙江省已出台了一系列促进现代生态循环农业发展的政策措施，并按照"主体小循环、园区中循环、县域大循环"的思路构建生态循环农业体系，创建了一批生态循环农业示范县、示范区、示范企业。

　　农作物秸秆、畜禽粪污、农资包装物和农产品加工废弃物的科学处理与利用，是发展生态循环农业的基本要求。浙江要建好现代生态循环农业发展试点省，就必须实现农作物秸秆、畜禽养殖粪便与病死动物、农业投入品废弃物资源化利用与无害化处理，必须形成产业布局生态科学、资源利用高效、生产清洁安全、环境持续改善的现代生态循环农业发展体系和农业可持续发展长效机制，这是异常艰巨的现实任务。

令人欣慰的是，近年来，宁波市特别是宁海县积极开展生态循环农业发展的探索与实践，在农牧业废弃物资源化利用方面的一些成功做法被全省推广。一批农业科技工作者，经过多年的辛勤研究与探索创新，在种植业、畜牧业、农产品加工业和农资包装物的废弃物资源化处理与利用方面，积累了丰富经验，获得了一批研究成果。魏章焕等同志把他们多年来的所见所行所思，梳理形成《农牧废弃物处理与利用》一书，这是一件很有现实意义的事情。此书内容深入浅出，理论与实际相结合，具有较强的科学性、实用性、可操作性，可供广大基层农技人员参考，也可作为广大农民群众的工具书。

愿此书的出版，能为我省的生态循环农业发展、"两美"浙江建设作出贡献。

李剑锋

2015 年 12 月

前　言

"绿水青山就是金山银山"。2014年4月，浙江省人民政府与农业部签署合作备忘录，商议确定"生态循环农业示范省"试点建设。建设总目标是"一控二减三基本"，即：控制农业用水；减少化肥、农药使用数量；农作物废弃物、畜禽粪污废弃物、农业包装物达到无害化处理和基本利用。为达到这一目标，浙江省各地陆续出台政策措施，治理农业污染，保护生态环境，推动发展生态循环农业，给全国推广积累经验和树立样板。其中，农作物秸秆、畜禽粪污、农业包装物、农产品加工废弃物等的处理与资源化利用，是"生态循环农业示范省"试点实施的重要内容。

多年来，宁海县充分利用环境优势，发展生态循环农业，已探索和积累了一些成功经验。2009年，农业部循环农业座谈会就在浙江省宁海县召开，宁海的"区域三级循环"模式受到与会领导和代表的充分肯定，被推荐为全国五大循环农业模式之一；2011年，浙江省生态循环农业现场会在宁海县召开，农牧废弃物资源化利用方面的一些成功做法被全省推广。

本书作者长期工作在农业科技第一线，对治理优化农业生态环境、发展生态循环农业进行了多年探索，亲身主持或参与了一些农业废弃物处理与利用的研究与实践，承担并完成了诸如沼液利用、农作物秸秆收集利用等课题项目，取得了一定成果。本着总结经验、不断探索的愿望，作者在工作之余，与同事一起，在自身实践的基础上，广泛搜集资料，编写了《农牧废弃物处理与利用》一书，交由中国农业科学技术出版社出版发行，以期对广大农村工作者和农民朋友，在处理与利用各类农牧废弃物、变废为宝方面会有所帮助，为农村"两美"建设作出一点微薄的奉献。

全书共分五章。概述了农牧废弃物对生态环境的影响；分述了农作物秸秆资源、畜禽粪污、农资废弃物、农产品加工废弃物的处理与利用。考虑到读者的实际需求，在内容科学性、系统性基础上，也注重文句的通俗性、实用性。

本书在编写过程中，参阅了许多论文、著作和相关资料，得到了领导和兄弟单位的大力支持与帮助。在此，我们一并致以衷心的感谢。由于工作繁忙，编写时间紧促，书中定有许多不足或错误之处，敬请广大读者予以谅解，并给予指正。

编 者

2015 年 10 月 25 日

目　　录

第一章　农牧废弃物对生态环境的影响

第一节　环境污染的由来

环境污染的产生由来已久,可以说自人类存在以来,人们的活动就对周围环境产生了一定的影响,即产生了污染。例如,在100万年以前,生活在周口店地区的北京猿人,他们在用火时不小心造成火灾,使大片草地、森林遭到破坏,产生环境问题。但这在当时并不突出,易被生态系统本身的调节所抵消。这一时期人类主要是为了自己的生存和繁衍而利用自然环境,而不是有意识地去改造自然环境。人类社会进入奴隶社会和封建社会之后,由于生产工具的改进和生产力水平的提高,人们开始有意识地利用自然和改造自然环境,但同时也产生了日益严重的环境问题。森林大量砍伐、草原严重破坏造成水土流失便是一个典型的例子。黄河流域是我国古代文明的发源地,数百年之前,许多地区还是青山绿水,土地肥沃,农业十分发达。但由于长期以来掠夺性垦荒种田,砍伐森林,再加上长期的部落之间的战争,使自然环境遭到严重破坏,水土流失严重,土壤肥力下降,不少地方已成了荒山秃岭。

18世纪中叶的工业革命,由于蒸汽机的发明和广泛使用,使生产力得到极大提高,现代工业也开始大规模发展起来。伴随着现代工业的发展,城市人口急剧增加,致使工业生产废物和人类生活废物大量地排入环境,在局部地区造成了环境污染,这比自然本身变化所造成的污染要强烈得多。第二次世界大战以后,社会生产力突飞猛进,许多工业发达国家普遍出现了范围更大、情况严重的环境污染问题,构成了所谓的社会公害。出现过许多震惊世界的事件,使人类的生存和发展受到更大威胁,付出了惨重代价。这时,环境污染达到了高峰,成为发达国家一个重大的社会问题。这一时期环境污染的主要特征是:由工业污染向城市污染和农业污染发展;点源污染向面源污染发展;局部污染向区域性全球性污染发展,构成了第一次环境污染高潮。后来,虽然发达国家普遍采取有效措施,加强了污染治理,从 20 世纪 70 年代以来污染问题已有了很大改观,环境状况显著好转,但仍没完全恢复到过去良好的状态。同时,随着科学技术的进步和生产的进一步发展,新的环境污染问题又不断涌现。如 1984 年 12 月 3 日发生的印度博帕尔农药厂异氰酸甲酯外泄事件,造成 3 300 余人死亡,2 万余人受到严重毒害,20 万人受到不同程度的影响。

近几十年来,由于世界人口的急剧增加,人类对各种能源和其他自然资源的大量耗用,生产活动的扩大和新化学物质的应用,造成了大气、水体、土壤的严重污染和生态系统的破坏。如核试验所产生的放射性物质、SO_2 等气体污染物排入大气后的扩散、积累和长距离迁移所形成的大面积酸雨;由于大气中 CO_2 含量不断增加造成的"温室效应";氟氯烃化合物对大气臭氧层的破坏;农药、石油等对海洋的污染;生物物种的不断灭绝及森林面积减少、土地沙化、固体废物堆放泛滥成灾等,构成了许多全球性的环境问题。

防治环境污染,集中对象是对水环境污染、大气污染、土壤污染的治理。"它直接关系到人们每天的生活,直接关系到人们的健康,也关系到食品安全""向这几个重要领域的污染进行宣战""用决战决胜的信心、措施来治理污染"(2014 年 9 月 9 日李克强在与出席达沃斯论坛的企业家代表交流时的讲话),已成为提高环境质量、控制环境污染的一项带有根本性的大事。控制环境质量最核心的工作,就是控制污染源,控制各种废水、废气、废渣向环境中的排放。

第二节　污染源及其分类

一、污染源

在环境保护工作中,我们通常把向环境排放有害物质或对环境产生有害影响的场所、设备和装置称为污染源。按其来源可以分为天然污染源和人为污染源。天然污染源是自然界自行向环境排放有害物质或造成有害影响的场所,如正在活动的火山等;人为污染源是指人类社会活动所形成的污染源。

因人类活动所产生的污染源可分为工业污染源、交通运输污染源、农业污染源和生活污染源等。

二、污染源的分类

（一）工业污染源

工业企业(包括乡村企业,下同)是废水、废气、废渣、噪声等的主要发生源。工业生产的各个过程,例如,原料生产过程、加工过程、燃烧过程、加热和冷却过程、成品整理过程等,都会不同程度地产生各种污染物质和污染因素。由于行业不同,使用的原料、燃烧和工艺过程差别很大,所产生的污染物质也就大不相同。

1.废气

一般地讲,工业中所需要的动力、热能、电能主要来自燃料的燃烧。燃烧是氧化过程,所产生的废气中主要含有二氧化碳、二氧化硫、氮氧化物、一氧化碳、粉尘、光化学烟雾、氟、氟化氢、氯、氯化氢、乙烯、苯并芘、甲醛和其他有害气体。工业废气中主要有害气体(物质)见表1-1所述。

2.废水

工业生产中要大量用水,作为传热介质、工艺过程中的反应介质以及溶剂、洗涤剂、吸收剂、萃取剂等。工业生产排放的工业废水是造成水体污染的主要原因。工业废水中所含的主要有害物质有:苯酚、苯、二甲苯、苯胺、氰化钠、氰化钾、氢氰酸、砷、汞、铬、镉、

铅、铜、锌、镍、磷、硝酸、硫酸及高温废水的热污染等。工业废水中
的有害物质见表1-2所述。

3. 废渣

工业生产是将各种工业原料转化成对人们有用的产品。产品
以外的剩余物料就会以废渣等形式排出。如煤矸石、开矿废石、高
炉矿渣、钢渣、铜矿渣、煤灰渣、粉煤灰、电石渣、硫铁矿渣、磷石膏、
磷渣、油页岩渣、赤泥、氯化钙、盐泥、放射性废渣和其他工业垃
圾等。

表 1-1　工业废气中主要有害气体(物质)

名　称	化学式	来　源
一氧化碳	CO	化石燃料燃烧、冶金、火力发电、焦化、汽车排出的废气
粉尘	粒径 $1\sim200\mu m$	飞灰、煤尘是燃料燃烧的产物;冶金粉尘、硅尘等是工业生产过程中的产物
二氧化硫	SO_2	燃料燃烧、有色金属冶炼;硫酸等化工生产的产物
氮氧化合物	NO_2	燃料燃烧、硝酸生产、尾气、使用硝酸的工业生产产物
光化学烟雾		汽车排气、炼油厂及石油化工废气在阳光照射下,发生的光化学反应
硫化氢	H_2S	炼油、化工脱硫、农药、染料、二硫化碳生产
氟	F_2	磷肥厂、钢铁厂、铝厂、含氟产品的生产
氟化氢	HF	
氯	Cl_2	食盐电解及有关的工业生产产物
氯化氢	HCl	氯化氢合成、氯化烯生产以及农药等化工生产
氨	NH_3	焦化厂、合成氨、硝酸生产及其他使用氨的工业生产

名　称	化学式	来　源
乙烯	C_2H_4	石油裂解分离、聚乙烯、聚苯乙烯等以乙烯为原料的工业生产
苯并(a)芘		炼焦及以煤为燃料的锅炉排烟,汽车尾气、沥青烟等
石棉		石棉矿开采、选矿、加工和石棉制品生产
甲硫醇	CH_3SH	牛皮纸浆、染料、合成橡胶及有机合成等
甲醛	$HCHO$	甲醛厂、酚醛塑料、造纸、制革、医药等工业
恶臭物质		造纸厂、炼油厂、染料厂、塑料厂等生产

表1-2 工业废水中的有害物质

名　称	化学式	来　源
苯酚	C_6H_5OH	炼焦、合成苯酚、钢铁厂、化肥、农药等生产废水
苯	C_6H_6	石油裂解分离、焦化厂、农药及塑料等生产废水
苯胺	$C_5H_4(CH_3)_2$	染料、塑料、医药、合成橡胶及树脂等生产废水
氰化钠	$NaCN$	电镀、冶炼黄金、塑料(合成树脂)以及使用氰基化合物的生产废水
氰化钾	KCN	
氢氰酸	HCN	氢氰酸、有机玻璃、丙烯腈、煤气、炼焦以及电解铝镀铜的生产废水
砷	As	含砷矿石处理、医药、农药、硫酸以及化肥生产废水
汞	Hg	汞的开采、冶金、含汞农药、含汞催化剂、水铝法电解盐、仪表生产及医药生产废水
铬	Cr^{6+}、Cr^{3+}	铬矿冶炼、镀铬、钝化、制革、颜料、印染等生产废水

名　称	化学式	来　　源
镉	Cd	精炼铜铅及锌的熔烧炉、熔解炉以及含镉的工业废水
铅	Pb	铅、锌的焙烧炉及熔解炉的流失物,铅的加工、铸字、铅蓄电池、铅玻璃、四乙基铅及颜料生产时的流失物
铜	Cu	铜矿开采及冶炼、镀铜、铜合金、颜料、油漆以及木材防腐的生产废水
锌	Zn	锌矿开采及冶炼、镀锌、锌合金、颜料、油漆以及木材防腐的生产废水
镍	Ni	镍矿开采及冶炼、镀镍、镍合金及使用镍化合物的工业废水
磷	P	制取黄磷、赤磷生产,磷肥及磷酸等工业废水
硫酸	H_2SO_4	硫酸厂、石化厂、化肥厂、酸洗及电镀生产废水
硝酸	HNO_3	硝酸厂、氮肥厂,使用硝酸的工业生产以及酸洗等废水
热污染		热电站、核电站、冶金、焦化等工业排出的高温废水

（二）交通运输污染源

交通运输工具包括汽车、火车、飞机、轮船等。它们排放出的污染物质,主要是汽(柴)油燃烧后排出的尾气,运行中发出的噪声以及运载的有毒有害物质的泄漏,均会对环境造成污染。特别是汽车,尾气排放的污染物质有一氧化碳、氮氧化物、未燃烧完全的碳氢化合物以及苯并芘等,由于排放数量大,对环境危害严重。

（三）农业污染源

在农业生产和农产品加工处理利用过程中,都会产生和形成污染源。

1. 种植业

农业生产过程中施用化肥、喷施农药,其中一部分被作物吸收或利用,一部分会流失并通过灌溉排水,流入江河,导致港湾河道水体中的营养物质和残留农药含量升高,造成水污染或富营养化,从而污染环境。

2. 养殖业

包括畜牧业和水产养殖业。畜禽养殖场的洗圈水所排出的污水和一部分未经处理的畜禽尿液;水产养殖中所排出或溢出的污水,富含未完全吸收的营养成分,都会严重污染环境。

3. 农产品加工业

粮油作物、瓜果蔬菜、食用菌类、林木制品、水产品等利用后的残留物、食品加工后的无用垃圾,以及随着农业机械化程度的增加,农业动力机械排出的废气,给环境所带来的污染。

（四）生活污染源

人类消费活动产生的废水、废气和废渣都会造成环境污染。城镇和乡村居住区是集中的生活污染源。生活污染源污染环境的途径有三个方面:

1. 消耗能源排出的废气造成大气污染

由于一些农村居民烧菜做饭还以柴禾为燃料,排出烟尘,难以扩散。早晨与傍晚,整个居民点都被烟雾所笼罩,造成较为严重的局部污染。在城镇,虽然烧菜做饭多用煤气,但由于燃烧不完全,缺乏良好的通风设备,许多家庭厨房所产生的污染也很严重。

2. 生活污水（包括粪便造成水体污染）

目前城乡居民,所消耗的生活用水很多,这些生活污水进入水体后就会导致水质恶化,传播疾病。据测定,目前由居民家庭排出的污水所含的 BOD_5 负荷量,大约为 35g/（人·d）。一个 100 万人口的城市,如果受纳水体 BOD_5 本底值为 $2mg/L$,为使受纳水体中 BOD_5 不超过 $2mg/L$,则每天需要 $1\,200$ 万 m^3 的天然水来稀释,这相当于要消耗一条流量为 $140m^3/s$ 的河流的水量。

3. 生活垃圾

生活垃圾包括厨房垃圾、废纸、废塑料、金属、煤灰、渣土等。这些都是造成城乡垃圾的主要污染源,城市垃圾的成分随人们的生活习惯和经济水平的变化而变化。

第三节 农牧废弃物对生态环境的污染与危害

农牧废弃物是指在整个农业生产过程中被丢弃的有机类物质,主要包括农业生产过程中产生的植物类残余废弃物,畜牧业生产过程中产生的动物类残余废弃物,农产品加工过程中产生的加工类残余废弃物和农业包装废弃物(注:农村生活污染未纳入本书阐述范围)等。简言之,农牧废弃物是农牧业生产和农产品加工所排放的废弃物总称。按其成分,主要包括植物纤维性废弃物(少量非纤维性成分)、畜禽粪便、农用塑料三大类。

随着中国种植业由传统农业向现代农业转变,养殖业向规模化、集约化方向推进,大量农业废弃物已成为污染生态环境的"杀手"。据粗略调查统计:中国每年产生畜禽粪便不少于 26.0 亿 t,农作物秸秆 7.0 亿 t 以上,蔬菜废弃物 1.0 亿 t 以上,人粪便 2.5 亿 t 以上,肉类加工厂和农作物加工品废弃物 1.5 亿 t 以上,林业废弃物(不包括薪炭林)至少有 0.5 亿 t,其他类的有机废弃物约 0.5 亿 t,这些农业废弃物的总和约合标准煤 7 亿 t。中国已经成为世界上农业废弃物产出量最大的国家,而许多农牧业废弃物还没被资源化利用,随意丢弃或者排放到环境中,使一部分"资源"变为"污染源",对生态环境造成了极大影响。因此,实现农业废弃物变"废"为"宝",消除环境污染、改善生态环境具有重大意义。

一、水污染及其危害

水污染是指水体因某种物质的介入,导致其化学、物理、生物或者放射性等方面特征的改变,造成水质恶化,从而影响水的有效利用,危害人体健康或者破坏生态环境的现象。水污染的危害主要有:

(一)对人体健康造成危害

1. 水体受病原体微生物污染,会引起各种传染病

如饮入被各种细菌、病毒和寄生虫污染的水,会引起肠胃炎、菌痢、甲型肝炎、霍乱、伤寒、脊髓灰质炎等。每年全世界因水污染引发的霍乱、痢疾和疟疾等传染病的人数超过 500 万,水污染直接威胁城乡居民的健康和生命安全。

2. 水体受重金属及其他无机物污染,会引起各种中毒疾病

19 世纪以前,水质污染主要是来自天然的生物污染。随着现代工业的高度发展,水质污染不但日益加剧,而且逐渐演变为化学污染。常见的被重金属 Cu、Zn、As、Hg、Pb、Cr、Cd 等污染的水,均会对人体健康产生危害。如铅中毒,会影响造血系统和神经系统,引起贫血、神经错乱等疾病,对婴幼儿的生长和智力发育影响更为严重,致癌性已被证实;镉对肾脏有急性伤害,还会引起骨骼病变,造成贫血、肾炎、神经痛、骨质松软和分泌失调等病症;铬的化合物中,六价铬对人体造成的危害最大,具有致癌作用,还会引起皮肤溃疡或过敏反应等疾病;Hg 对人体的伤害主要器官为肾脏和中枢神经系统,食物链对汞有较强的富集能力,Hg 中毒以慢性为多见,需要较长的时间才能表现出来,主要为口腔发炎、肌肉震颤和精神失常等。

3. 水体受有机物污染,会引起各种中毒、癌症等疾病

绝大部分有机化学药品有毒性,且被有机化学药品污染的水很难得到净化,一些污染物还会积累在水生物体内,使人食用后中毒。有机磷农药会抑制血液和组织中乙酰胆碱酯酶的活性,阻断神经传导,引起中枢神经系统中毒;有机氯农药由于结构稳定、难

分解、难氧化,易在环境中积累、富集,通过食物链进入人体,在脂肪中积蓄,对人的内分泌、免疫功能和生殖机能等造成危害;有机酚是一类高毒性物质,如果长期饮用被酚类污染的水,可引起头昏、瘙痒、贫血、恶心和呕吐等各种神经系统症状疾病,还会刺激脊髓,最终导致全身中毒;稠环芳烃多数对哺乳动物具有致癌、致畸和致突变作用,对人类健康具有较大危害。

(二)对工农业生产造成危害

无论工业生产还是农业生产,不仅都需要有充足的水量保证,而且不同行业对水质都有不同的要求。

1. 对工业生产造成的危害

如果水质污染,工业用水就要投入较多的处理费用,从而造成资源、能源的浪费,甚至导致产品质量下降,构成明显的经济损失,尤其是食品工业行业对用水要求更为严格,若水质不合格,生产的食品也会影响到消费者利益,危及人体健康。

2. 对农业生产造成的危害

在农业生产中,如果长期使用污水灌溉,会使土壤的化学成分改变,导致土壤板结、龟裂、土质变硬、盐碱化等,影响农作物产量与品质,甚至在农作物中积累重金属等有害物质,通过食物链危害人体健康;长期使用污水,病原菌增多,灌溉后会使农作物病虫害种类增加或危害加重。水环境质量对于畜牧业和渔业的影响更为直接。畜禽饮用污水后会生病,严重的会导致死亡;受污染的水会改变水生生物的原有环境,使水域生态系统发生变化,必然会影响到鱼类等水生生物的生长、繁殖乃至生存(图1-1);另

图1-1 水污染影响鱼类生长

一方面,人如果食用了受污染的鱼类或其他水产品,也会有损健康或中毒。

（三）对生态环境造成危害

水污染会对生态环境造成严重影响。当含有氮、磷、钾的大量生活污水、工业废水等污染物进入河流或湖泊等水体后,一旦超过了水体的自然净化能力,有机物便会在水中降解释放出营养元素,再加上过量的氮、磷,使水体富营养化,从而促进了水中藻类丛生、植物疯长、水中溶解氧下降。溶解氧是水生生物赖以生存的条件,并且参与了水中各种氧化还原反应,促进污染物氧化降解,是天然水体自净能力的重要因素。溶解氧降低,就会导致使水生生物大量死亡、水面发黑、水体发臭,不仅严重破坏了河流或湖泊的水生生态平衡,而且会影响到周围空气及环境的质量。

目前,我国水污染情况不容乐观,据环保部公布的数字显示,我国七大水系(长江、黄河、珠江、松花江、淮河、海河、辽河)都有不同程度的污染,虽然经过近些年的治理整顿,地表河流湖泊的污染有所好转,但富营养化问题依然严重。据统计:在全国受监测的26个湖泊(水库)中,富营养化状态的湖泊(水库)占53.8%,其中,轻、中度富营养状态的湖泊(水库)比例分别为46.1%和7.7%;城市水污染问题仍然比较严重,2012年全国废水排放总量为684.3亿t,其中工业废水排放量占比32.4%。全国600多个城市,约有1/2存在不同程度的缺水现象,水污染进一步导致了城市水资源短缺。农村水污染相对城市而言更为复杂,主要有5个方面。

(1)有的乡镇企业严重排放污染物,使农村水环境污染加剧。

(2)农村居民居住分散,生活污水随处排放,生活垃圾随处堆放,人们习惯把废弃物倒入河里,导致河水污染。

(3)农药和化肥流失在土壤中,或通过雨水、灌溉水冲刷进入地表水或地下水,造成自然水体污染。

(4)养殖废水及废弃物未经处理直接排放至池塘溪流,造成地表水污染。

（5）大量未经处理的污水直接用于农田灌溉，水质超标，造成土壤、农作物及地下水严重污染。

二、大气污染及其危害

大气污染是指在人类活动或自然环境（因素）中，向大气中排放了一些人为污染源或自然污染源（简称污染物），当排入的污染物浓度达到一定限度，导致原来洁净空气的品质下降，大气中气体成分和性质发生了巨大的改变，使生物的生活甚至生存受到了严重的影响，这种大气状态称为大气污染（图1-2）。其主要危害有以下方面。

图1-2　大气污染危害人类健康

（一）危害人类的生存环境

1.破坏地球臭氧层

近些年来，由于人们的生产、生活中使用了大量的洗涤剂、制冷剂等，这些气体会释放氯氟气体的化学物品，从而造成臭氧层的破坏，大大削弱了臭氧层吸收紫外线的基本功能。臭氧层破坏使得大量紫外线辐照地面，最终对地表生物的健康以及生存环境造成危害。

2.导致全球气候变暖

大气中温室气体（如 CO_2）的增多，会使其吸收的地表长波辐射增多、地球热量无法挥散，最终使得地球气温增高，造成温室效应，并导致恶劣天气增多。温室气体的增多还会提高大气层的浑浊度，进而减弱太阳辐射，影响地球长波辐射，从而使得恶劣天气的出现愈加频繁。

3.导致酸雨产生

酸雨是由大量存在于空气中的 SO_2、氮氧化合物等酸性气体上升与水蒸气结合产生，其 pH 值通常小于4，甚至有时小于3。

酸雨带来的危害很大,可造成植物枯萎、农作物受损、土壤贫瘠、建筑物腐蚀、鱼虾死亡、饮用水污染等诸多恶劣后果,对人类的生活、生产环境带来了严重的不良影响。

(二)危害人类的身体健康

1.增强颗粒悬浮物的危害

颗粒悬浮物的粒径一般不大于 $100\mu m$,可以直接接触到人体肌肤以及眼睛,会造成毛囊、汗腺的阻塞,导致皮肤病、眼睛结膜炎等疾病的产生。此外,若颗粒悬浮物被呼入呼吸道,还会导致肺部出现炎症。

2.加剧 SO_2 的危害

SO_2 是水溶性气体,很容易引发呼吸道的炎症,对新陈代谢造成不良影响,危害人身健康。若 SO_2 与存在于空气中的 Fe_2O_3 微粒发生氧化作用,还会形成刺激性极强的硫酸雾,其危害性比 SO_2 气体要高很多。

3.提升了空气中氮氧化物、碳氧化物的不良影响

存在于空气中的氮氧化物主要来自于汽车尾气的排放。氮氧化物被呼入身体后会对呼吸道、肺部等带来一定的损害,严重时会引起支气管发炎、哮喘等慢性疾病。此外,在紫外线照射下,氮氧化物会发生光化学反应,进而对人体的眼睛以及呼吸道产生刺激作用。而一氧化氮、一氧化碳等气体会对血红蛋白以及人体的中枢神经系统造成损害,严重时会引起中毒甚至死亡。

三、土壤污染及其危害

土壤是指陆地表面具有肥力、能够生长植物的疏松表层。土壤是植物生长的载体。它不但为植物生长提供机械支撑能力,并能为植物生长发育提供所需要的水、肥、气、热等肥力要素。

(一)土壤污染的标志

土壤污染是指人类活动所产生的污染物通过各种途径进入土壤,其数量和速度超过了土壤的容纳和净化能力,而使土壤的性质、组成及性状等发生变化,使污染物质的积累过程逐渐占据优

图1-3 土壤严重污染

势,破坏了土壤的自然生态平衡,并导致土壤的自然功能失调、土壤质量恶化的现象(图1-3)。土壤污染是全球三大环境要素即大气、水体和土壤污染的问题之一,其明显标志是土壤生产力下降。

凡是进入土壤并影响到土壤的理化性质和组成物而导致土壤的自然功能失调、土壤质量恶化的物质,统称为土壤污染物。土壤污染物的种类繁多,有化学污染物、物理污染物、生物污染物、放射污染物等,其中以土壤化学污染物最为普遍、严重和复杂。按污染物性质一般可分四类:即有机污染物、重金属、放射性元素和病原微生物。

(二)土壤污染的危害

土壤污染对环境和人类造成的影响与危害在于它可导致土壤的组成结构和功能发生变化,进而影响植物的正常生长发育,造成有害物质在植物体内累积并可通过食物链进入人体,危害人体健康。

1. 传播疾病

被病原体污染的土壤,能传播伤寒、痢疾、病毒性肝炎等传染病。这些传染病的病原体,随病人和带菌者的粪便以及他们的用具、器皿的洗涤污水污染土壤。被有机废弃物污染的土壤,是蚊蝇孳生和鼠类繁殖的场所,又是许多传染病的媒介。

2. 污染农产品及水源,危害人体健康

土壤污染会使污染物在植物体中积累,并通过食物链富集到人体和动物体中,危害人畜健康,引发癌症和其他疾病等。

3. 污染空气、产生射线,直接危害人体健康

土壤被放射性物质污染后,通过放射性衰变,能产生 α、β、γ 射线。这些射线能穿透人体组织,使机体的一些组织细胞死亡。常使受害者头昏、疲乏无力、脱发、白细胞减少或增多,发生癌变等。

4. 导致严重经济损失

土壤污染可导致严重的直接经济损失。仅以土壤重金属污染为例,全国每年就因重金属污染而减产粮食 1 000 多万 t。另外,被重金属污染的粮食每年也多达 1 200 万 t,合计经济损失至少 200 多亿元。

5. 破坏其他环境元素,导致生态系统退化

土壤受到污染后,含重金属浓度较高的污染表土容易在风力和水力的作用下分别进入到大气和水体中,导致大气污染、地表水污染、地下水污染和生态系统退化等其他次生生态问题。

第四节　治理污染,美化环境

众所周知:全球气候变暖、臭氧层破坏、生物多样性减少、酸雨蔓延、森林锐减、水土流失加剧、土地荒漠化、资源短缺、水环境污染严重、大气污染肆虐、固体废弃物成灾,已成为当今世界面临的日益严重的"十大环境问题"。环境污染问题,对人类提出了严峻挑战,它涉及人类能否在地球上继续生存和发展。人类不能回避,必须找到自己的出路。而这些环境污染的集中表现,主要反映于水体污染、大气污染和土壤污染。

党的"十八大"把生态文明建设纳入中国特色社会主义事业总体布局,提出要努力建设美丽中国,走向社会主义生态文明新时代,实现中华民族可持续发展。党的十八届三中全会把加快生态文明建设作为全面深化改革的重要内容,提出必须建立系统完整的生态文明制度体系,用制度保护生态环境。习近平总书记强调,走向生态文明新时代,建设美丽中国,是实现中华民族伟大复兴的

中国梦的重要内容。他还提出"绿水青山就是金山银山"、"人民对美好生活的向往,就是我们的奋斗目标"等一系列新思想、新观点、新要求。这表明了我们党坚持"五位一体"总体布局、加强生态文明建设的坚定意志和坚强决心。

一、大气污染治理

(一)减少废气排放

要切实改善环境空气质量,严格控制煤炭消费总量,大力推进"煤改气"工作,加强高污染燃料禁燃区建设。加强机动车污染防治,加快彻底淘汰黄标车,大力推广电动汽车等新能源汽车,切实做好油品质量提升和城市治堵。深入实施工业脱硫脱硝减排工程,加大工业烟粉尘、挥发性有机废气治理。加强城市烟尘整治,全面建成"烟控区"。严格控制工矿企业、城市工程扬尘、农村农业废气,特别是有毒有害气体排放。建立健全重污染天气的监测、预警和应急响应体系,特别要抓好产业结构优化。

(二)禁止秸秆焚烧

要通过地方性立法,以法律法规的形式全面禁止农作物秸秆焚烧,制订强制性行政管理措施,加强宣传教育,强化执法力度。同时,要做好农作物秸秆多方面综合利用的技术示范与培训指导,讲清转化利用的方法与好处,把废物变成资源。

(三)改善生态环境

改革创新生态文明建设的体制机制,推进退耕还林、植树造林、沙漠化综合治理、草地湿地恢复保护等生态工程建设。大力推进植树造林,确保森林覆盖率不断提升,优化生态环境。在城镇化过程中,要高度重视绿化工作,建设公共绿地,实现景观美化与大气净化的有机统一。要推进立体绿化,加大园林式单位、园林式小区创建力度,下大力气建绿、造绿、添绿,让群众拥有树荫环抱、绿茵遍地、四季葱绿的生存空间。

二、水体污染治理

党的"十八大"以来,生态文明建设已上升到国家战略高度加以谋划。2015 年开始,浙江省在全省范围内大力开展"五水共治"(治污水、防洪水、排涝水、抓节水、保供水),通过综合措施,整治垃圾河、黑河、臭河,全方位开展工业交通、农村农业、生活污水的污染整治工作,突出重点是治理污水,实现生态环境的全面恢复和优化(图 1-4、图 1-5)。

图 1-4 让天更蓝,让水更清

(一)推进工交污染治理

关停一批、转产一批、提升一批。加快化工、印染、造纸、制革等工业重污染行业的淘汰、整治、提升。加大对电动汽车等环

图 1-5 让地更净

保型、低污染汽车行业的扶持,支持发展公共交通。

(二)开展农村生活污水治理

1.农村生活用水保障管理

推进饮用水水源地与取水裸露管网的污染防治与管理,健全完善水质监控、超标预警和应急处置机制,保障饮用水安全。

2.农村生活污水治理

加强城镇污水处理设施建设,做好农村卫生设施改造和生活污水治理,实现城镇截污纳管基本覆盖,农村污水处理、生活垃圾集中处理基本覆盖,提高城乡污水处理能力和效率。拓展农村污泥处理渠道,提升无害化处置水平。

3.规范农村生活垃圾处理

整治和美化农村环境,引导和改变农民生活习惯,杜绝农村生活垃圾随处乱抛乱堆现象,防止间接污染水体。

(三)减轻农业污染

1.减少化肥用量,积极推广有机肥

广泛挖掘肥源,合理开发利用,增加有机肥数量,提高有机肥质量,改良土壤结构和作物品质;控制化肥用量,减少化肥流失,开展测土配方,施肥因缺补缺,因土施肥,大力推广配方肥,提高施肥效率。

2.合理使用农药

实施病虫草鼠综合防治和生态修复工程,推广农业、物理、生物等病虫害防治方法,应用杀虫灯、性信息素、黄板诱虫等技术;禁止高效高残留农药使用,推广低毒低残留农药,科学病虫测报,准确发布病虫情报和用药信息,提高用药针对性,减少农药使用的次数和数量,减轻作物残留。

3.倡导科学养殖

强化农业面源污染防治,构建良好的生态系统。积极推进养殖业集聚化、规模化、科学化经营,加强养殖业污物排放的集中化、无害化处理。全面开展江河湖库综合治理,解决主要污染河段以及平原河网的污染来源。杜绝未经处理的污水直接排放到河道和农田,污染土壤和地下水体。

4.合理利用人粪尿

人粪尿是人的排泄物,不同于农牧废弃物,但其组成类同于畜禽的尿液。新鲜人粪尿 pH 值一般呈中性或微碱性,是一种来源广、养分高、速效性的有机流体肥料,适用于一般作物,易被作物吸收利用,可作基肥、追肥,尤其是对叶菜类、茶、桑、禾谷类作物和纤维作物(如麻类)效果更为显著,但人粪尿含氮较多而磷、钾较少,应根据作物的需肥情况和土壤肥力适当配合施用磷、钾肥,以平衡作物营养。人粪尿含有较多的氯离子,对瓜果、甜菜、薯类等忌氯作物不宜施用过多。人粪尿除了用作肥料外，还可用作燃料和渔业。人粪尿带有大量的传染病菌、毒素、寄生虫卵，易传播疾病，在使用时，要进行无害化处理。

人粪尿的堆积是一个无害化处理的过程。主要方法有高温堆积、嫌气发酵、药物处理、加化肥杀虫灭菌、草药处理、采用三格式化粪池灭菌等，其中，三格式化粪池的建造与使用要严格按标准进行，并且要达标排放，否则会污染地下水体。

三、土壤污染治理

1. 强化土壤环境保护和综合治理

全面开展土壤污染防治行动和土壤修复工程，深化重金属、持久性有机污染物的综合防治，建立覆盖危险废物和污泥产生、贮存、转运及处置的全过程监管体系与机制。

2. 严格控制新增土壤污染

明确土壤环境保护优先区域和底线，实行严格的土壤保护制度。全面开展重点区域土壤环境调查，建立土壤信息数据库，加快构建土壤环境监测体系，逐步实现主要农产品产地土壤环境动态监控。

3. 强化监督管理

严格排查并划分污染场地环境风险，全面强化污染场地开发利用的监督管理，逐步推进污染企业原址、废弃矿场的土壤污染修复示范工程。对河道清淤中所产生的污泥杂质，要通过分类清理和有害物质处理后进行回田利用。

第二章 农作物秸秆资源化处理与利用

第一节 农作物秸秆资源化利用现状

农作物通常是指林木以外的人工栽培植物,一般可分为大田作物和果蔬园艺作物。大田作物包括粮食、经济、绿肥与饲料三大类。其中,粮食作物大类可细分为禾谷类(水稻、小麦、玉米等)、豆类(大豆、绿豆等)、薯芋类(马铃薯、甘薯等)3类;经济作物大类可细分为纤维作物(棉花、黄麻、红麻、苎麻、亚麻、剑麻等)、油料作物(油菜、芝麻、花生、向日葵等)、糖料作物(甘蔗、甜菜等)、其他作物(烟草、茶叶、薄荷、咖啡、啤酒花等)等4类;绿肥与饲料大类包括苕子、苜蓿、紫云英、田菁等。

农作物秸秆是指水稻、小麦、玉米等禾本科作物成熟脱粒后剩余的茎叶部分以及果蔬园艺类的茎秆、薯芋类藤蔓等,其中水稻的秸秆常被称为稻草,小麦的秸秆则称为麦秆(图2-1)。经济作物、绿肥与饲料茎蔓也属农作物秸秆。

一、农作物秸秆资源分布

农作物秸秆是农作物生产系统中植物纤维性废弃物之一,是一项重要的生物资源。农作物秸秆资源分布具有3个特点:品种多、数量大、遍布广。据

图2-1 农作物秸秆

联合国环境规划署(UNEP)报道,世界上种植的各种谷物每年可提供秸秆数量近 20 亿 t,其中,大部分未加工利用。中国是农业大国,也是农作物秸秆资源最为丰富的国家之一,主要农作物秸秆数量近 8 亿 t(2010 年我国的秸秆总量为 7.26 亿 t),其中稻草 2.3 亿 t,玉米秆 2.2 亿 t,豆类和秋杂粮作物秸秆 1.0 亿 t,花生和薯类藤蔓、甜菜叶等 1.0 亿 t。随着农作物单产的提高,秸秆产量也将随之增加。

中国农业大学韩鲁佳等,于 1999 年对我国主要农作物秸秆资源数量进行了系统调查,调查结果如表 2-1、表 2-2。

表 2-1　中国主要农作物不同类别作物秸秆资源量所占比例

(调查时间:1999 年;单位:10^6 t)

作物种类		产　量	秸秆:粮食	秸秆数量	占秸秆总量比例(%)
粮食作物	禾谷类 水稻	198.48	0.97	191.73	29.93
	小麦	113.87	1.03	117.29	18.31
	玉米	128.09	1.37	175.48	27.39
	高粱	3.24	1.44	4.67	0.73
	小米	2.32	1.51	3.50	0.55
	其他杂粮	7.02	1.60	11.23	1.75
	豆类 大豆	18.94	1.71	32.39	5.06
	薯芋类 薯类	36.41	0.61	22.21	3.47
经济作物	花生	12.64	1.52	19.21	3.00
	油料作物 油菜	10.14	3.0	30.41	4.75
	芝麻	0.74	0.64	0.48	0.07
	向日葵	1.77	0.60	1.06	0.17
	纤维作物 棉花	3.83	3.00	11.49	1.79
	麻类	0.47	1.70	0.80	0.12
	糖料作物 甘蔗	74.70	0.25	18.68	2.92
合　计				640.63	100

表 2-2　主要农作物秸秆资源数量的地区分布

（调查时间：1999 年；单位：10^6 t）

地区	稻草	麦秸	玉米秸	高粱秸	谷秸	其他杂粮秸	豆秸	薯类藤蔓	油料秸	甘蔗梢	小计
华北		20.47	32.58	1.18	2.02	0.87	3.85	1.79	2.62	0.00	67.49
东北	17.05	3.70	53.52	2.48	0.49	0.48	10.09	1.06	0.69	0.00	89.55
华东	67.50	43.01	28.38	0.21	0.34	3.40	7.06	5.98	20.25	1.11	177.23
中南	71.95	27.04	23.79	0.15	0.32	0.89	5.60	5.89	16.90	13.19	165.71
西南	31.20	9.74	22.29	0.33	0.01	3.88	3.72	6.06	7.04	4.38	88.65
西北	1.93	13.33	14.95	0.31	0.32	1.72	2.00		2.61	0.00	38.69
全国	191.74	117.30	175.48	4.67	3.50	11.23	32.39	22.21	50.11	18.68	627.32

（引自：韩鲁佳等.中国农作物秸秆资源及其利用现状[J].农业工程学报,2002 年 5 月第 18 卷第 3 期）

　　从表 2-1、表 2-2 可看出：1999 年中国农作物秸秆资源中以稻草、玉米秆和麦秆为主,这些秸秆资源量约占秸秆总资源量的 75.6%。

　　秸秆产量最大的是稻草,约占总秸秆产量的 29.93%,主要分布于中南(湖南、湖北、广东、广西)、华东地区(江苏、江西、浙江和安徽等)和西南的部分省份(如四川等);其次是玉米秆,约占总产量的 27.39%,主要分布于东北和华北(河北、内蒙古自治区等)地区的各省份及华东(如山东)和中南(如河南)的部分省份;小麦秆产量占农作物总秸秆产量的第三位,约占 18.31%,主要分布于华东(山东、江苏、安徽)、中南(如河南)和华北(如河北)等地区;豆类秸秆产量约占 5.06%;薯藤产量约占 3.47%;油料作物秸秆约占 7.99%。随着农业产业结构调整,经济作物秸秆数量占总秸秆的数量比例会有所增加。

二、农作物秸秆利用现状

　　农作物秸秆利用,在我国有着优良的历史传统,如利用秸秆建房,以蔽日遮雨;利用秸秆编织坐垫、床垫、扫帚等家用品;利用秸秆烧火做饭取暖;利用秸秆铺垫牲圈、喂养牲畜,堆沤积肥还田等。在传统农业时期,秸秆资源主要是不经任何处理直接用于肥料、燃料和饲料的。随着经济社会的发展,传统农业向现代农业的转变,以及农村能源、饲料结构等发生的变化,传统的秸秆利用途径也随之发生历史性的转变,科技进步为秸秆利用开辟了新途径和新方法。秸秆收集、运输的方便化有利于转化与利用(图2-2)。

图 2-2　搜集田间秸秆

根据典型调查,目前我国农作物秸秆利用的 5 种方式大体分配是:肥料化利用占 20%～25%,能源化占 35%～40%,饲料化利用占 25%～35%,原料化利用占 1%～5%,基料化利用占 1%～5%。合计每年有 90% 以上的作物秸秆资源通过不同利用途径而分解转化,但每年还有不到 10% 的作物秸秆过剩,滞留于环境之中,特别是在农业主产区,秸秆资源大量过剩的问题仍十分突出,每到夏秋收获之际,浓烟滚滚(图2-3),这种处理方式不仅浪费了宝贵的自然资源,造成了环境污染,也造成了事故多发,对高速公路、铁路的交通安全及民航航班的起降安全等构成了极大威胁,并对人类健康和安全造成严重危害,已成为一大社会问题。

图 2-3　旧时秸秆焚烧浓烟滚滚

三、农作物秸秆成分与热值

（一）秸秆成分

据测定，农作物秸秆成分是由大量的有机物和少量的无机物及水所组成。

1. 有机物

农作物秸秆主要成分是纤维素、半纤维素和木质素，其中木质素将纤维素和半纤维素层层包裹，纤维素、半纤维素和木质素统称为粗纤维，粗纤维是组成农作物茎秆细胞壁的主要成分。此外还有少量的粗蛋白、粗脂肪和可溶性糖类，可溶性糖类用无氮浸出物表示。

无氮浸出物是一组非常复杂的物质，它包括淀粉、可溶性单糖、可溶性双糖及部分果胶、有机酸、木质素、不含糖的配糖物、苦涩物质、鞣质（单宁）和色素等。一般情况下，无氮浸出物含量不进行化学分析测定，而是根据秸秆中其他养分的含量通过计算得出。计算公式为：

无氮肥浸出物含量＝100％－（水％＋粗蛋白％＋粗脂肪％＋粗纤维％＋粗灰分％）

（1）纤维素。纤维素是天然高分子化合物，其化学结构是由很多 D-葡萄糖，彼此以 β-1,4 糖苷键连接而成，几千个葡萄糖分子以这种方式构成纤维素大分子，不同的纤维素分子又通过氢键形成大的聚集体。纤维素溶于浓酸而不溶于水、乙醚、稀酸和稀碱等有机溶剂，纤维素是农作物茎秆细胞壁的主要组成成分。

纤维素是世界上最丰富的天然有机物，它占植物界碳含量的50％以上。不同作物茎秆纤维素含量不同。棉花秸秆的纤维素含量占 44.1％；水稻秸秆粗纤维占 32.6％；玉米秸秆粗纤维占29.3％；小麦秸秆粗纤维占 37％。纤维素是重要的造纸原料。此外，纤维素还应用于塑料、炸药及科研器材等方面。食物中的纤维素（即膳食纤维）对人体健康有重要作用。纤维素用作食料，哺乳动物不能吸收利用，但能被食草动物所利用。因为哺乳动物不能分解纤维素,而食草动物瘤胃中能产生一种分解菌,将纤维素及半纤维素酵解成挥发性脂肪酸——乙酸、丙酸、丁酸,而被吸收利用。

(2)半纤维素。半纤维素是植物纤维原料中的另一个主要组成,是植物中除纤维素以外的碳水化合物(淀粉与果胶质等除外),主要由木糖、甘露糖、葡萄糖等构成,是一类多糖化合物。半纤维素不溶于水而溶于稀酸。它结合在纤维素微纤维的表面,并且相互连接,它和纤维素是构成细胞壁的主要成分。半纤维素和纤维素一样,也可被食草动物吸收利用。

(3)木质素。木质素是植物界仅次于纤维素的最丰富、最重要的有机高聚物之一,其在木材中含量为 $20\% \sim 40\%$,禾本类植物中含量为 $15\% \sim 25\%$。木质素是一类由苯丙烷单元通过醚键和C—C 键连接的复杂无定形高聚物,和半纤维素一起,除作为细胞间质填充在细胞壁的微细纤维之间、加固木化组织的细胞壁外,也存在于细胞间层,把相邻的细胞粘贴在一起,发挥木质化的作用。构成木质素的单体,从化学结构上看,既具有酚的特征又有糖的特征,因而反应类型十分丰富,形成的聚合物结构也非常复杂。木质素用作食料时,哺乳动物和食草动物都不能吸收利用,而且它反会抑制微生物的酵解活动,降低饲料中其他养分的消化效率。

(4)其他有机物。其他有机物还有粗蛋白、粗脂肪、无氮浸出物等。各种农作物秸秆营养成分见表 2-3。

2.无机盐

农作物秸秆中除含有约 40% 的碳元素外,还含有氮、磷、钾、钙、镁、硅等矿质元素(表 2-4)和少量微量元素,其总含量一般约为 6%。但稻草中硅酸盐含量较高,可达到 12% 以上。

秸秆中维生素在农作物成熟以后,基本上被破坏,因此含量很少。

（二）热值

据韩鲁佳等取样测定,农作物秸秆热值大约相当于标准煤的
1/2,约为 15 000kJ/kg,各种秸秆的热值见表 2-5。

表 2-3 各种农作物秸秆营养成分表

(单位:％)

秸秆名称	水 分	粗蛋白	粗脂肪	粗纤维	无氮浸出物	粗灰分
稻 草	6.00	3.80	0.80	32.57	41.80	14.70
小麦秆	13.5	2.70	1.10	37.00	35.90	9.80
玉米秆	5.50	5.70	1.60	29.30	51.30	6.60
人麦秆	12.90	6.40	1.60	33.40	37.65	7.00
大豆秆	5.80	8.90	1.60	38.88	34.70	8.20
蚕豆秆	17.00	14.60	3.20	25.50	30.80	8.90
花生藤	7.10	13.20	2.40	21.80	16.60	6.00
甘薯藤	10.40	8.10	2.70	28.52	39.00	9.70

表 2-4 几种农作物秸秆的矿物质元素成分含量

(单位:％)

种 类	氮(N)	磷(P)	钾(K)	钙(Ca)	镁(Mg)	锰(Mn)	硅(Si)
水 稻	0.60	0.09	1.00	0.14	0.12	0.02	7.99
小 麦	0.50	0.03	0.73	0.14	0.02	0.003	3.95
大 豆	1.93	0.03	1.55	0.84	0.07	—	—

表 2-5 不同类别作物秸秆的热值

(单位:kJ/kg)

秸秆种类	麦类	水稻	玉米	大豆	薯类	杂粮类	油料	棉花
热 值	14650	12560	15490	15900	14230	14230	15490	15900

第二节　农作物秸秆肥料化利用

一、秸秆还田

（一）秸秆还田的作用

秸秆还田是我国秸秆资源化利用中最原始最古老的技术，秸秆还田是秸秆直接利用的一种方式，约占我国秸秆利用总数的45％左右，与秸秆焚烧相比是一大进步。

秸秆田间焚烧最直接的危害是产生烟雾，它影响人们的健康与正常生活，妨碍飞机起降与交通安全。而秸秆还田却是利大弊少，增产效果明显。据中国农业科学院等单位试验，在统计了全国60多份材料的基础上，证明秸秆还田平均增产幅度可达到15.7％。坚持常年秸秆还田，不但在培肥阶段有明显的增产作用，而且后效明显，有持续的增产作用。其增产机理主要表现为：

1. 提高土壤养分含量

秸秆还田能明显提高土壤中氮、磷、钾、硅的含量及利用率。据测定，秸秆的秆、叶、根中含有大量的有机质、氮、磷、钾和微量元素，分析得出，每100kg鲜秸秆中含氮0.48kg、磷0.38kg、钾1.67kg，相当于2.82kg碳酸氢铵、2.71kg过磷酸钙、3.34kg硫酸钾。秸秆还田后土壤中氮、磷、钾养分含量都有所增加，尤其以钾元素增加最为明显。同时，由于秸秆中含硅量很高，特别是水稻秸秆含硅量高达8％～12％，因此秸秆还田还有利于增加土壤中有效硅的含量和水稻植株对硅的吸收能力。每亩土地中基肥施250kg秸秆，其氮、磷、钾含量相当于7.06kg碳酸氢铵、6.78kg过磷酸钙和8.35kg的硫酸钾，但其综合肥效远大于此。

2. 有利于改良土壤

（1）秸秆还田能增加土壤活性有机质—腐殖质。如每亩施入200kg稻草，可提供的腐殖质量为25.3kg。新鲜腐殖质的加入能吸持大量水分，提高土壤保水能力、改善土壤渗透性、减少水分蒸发,对改善土壤结构、增加土壤有机质含量、降低土壤容重、增加土壤孔隙度、缓冲土壤酸碱变化都有很大作用,能使土壤疏松,易于耕作。

(2)秸秆还田有利于土壤微团聚体的形成。土壤微团聚体能够明显改善黏质土壤的通气性、渗水性、黏结性、黏着性和胀缩性。土壤微团聚体增多对土壤物理性质和植物生长具有良好的作用。

(3)秸秆还田能对土壤有机质平衡起重要作用。如每亩还田 500kg 玉米秸秆,或配合施用化肥,土壤有机质有盈余,不进行秸秆还田,则 0～20cm 耕层土壤有机质要亏损 12.45～17.6kg,占原有机质的 0.98%～1.39%。

(4)秸秆还田为土壤微生物提供充足碳源。能促进微生物的生长、繁殖,提高土壤的生物活性。

3. 有利于优化生态环境

(1)有利保墒和调控田间温湿度。秸秆如采用覆盖还田,干旱期能减少土壤水的地面蒸发量,保持耕层蓄水量;雨季则缓冲大雨对土壤的侵蚀,减少地面径流,增加耕层蓄水量。覆盖秸秆还能隔离阳光对土壤的直射,对土体与地表温热的交换起了调剂作用。

(2)有利于抑制杂草生长。试验证明,秸秆覆盖与除草剂配合,能明显提高除草剂的抑草效果。

但是,秸秆还田也存有一定弊端。秸秆还田量并不是越多越好,大量或过量还田会造成土壤与作物的边际效益逐步减少,机械作业难度与成本加大,而且还会因 CO_2 与 CH_4 的散逸,使水田中还原物质呈指数上升。一般而言,免耕稻草量以占本田稻草量的 1/3～1/2 为宜,160～240kg;碎稻草翻埋还田每亩约 200kg。小麦秆的适宜还田量(风干重)以 200～300kg/亩为宜,玉米秆在 300～400kg/亩为宜。只有在适量还田情况下,才能稳定地促进土壤有机质平衡,因此,秸秆还田的数量必须因地制宜。一年一作的旱地和肥力高的地块还田量可适当高些,在水田和肥力低的地块还田量可以低些。

（二）秸秆还田的模式

秸秆还田模式有直接还田、过腹还田、过圈还田、秸秆集中堆沤还田和高温造肥及厌氧消化后高效清洁的现代还田等多种模式。直接还田技术因其易被掌握，目前仍被大量应用。间接还田技术中的沤制还田、过腹还田、过圈还田在农村也普遍使用，而高温造肥及厌氧消化后高效清洁的现代还田技术还不够成熟，还有许多因素制约它的发展。

1.秸秆直接还田

传统的秸秆直接还田，是在收获后将秸秆切成小段，人工抛撒于田间，然后翻埋还田。

（1）应用特点。一是施用量大，大多作物的大部分秸秆都可直接还田；二是省工省本，不需花费多少劳力成本；三是方便灵活，不受时间、天气、田块、种类等因素影响，效果良好。

（2）存在问题。一是不同作物秸秆数量不一，施用数量偏多时不利于农事操作，影响耕种质量，还田数量过大或不均匀，不能及时腐烂，容易造成大量秸秆残留耕层影响下茬作物播种，或容易发生土壤微生物与作物幼苗争夺养分的矛盾，甚至出现黄苗、死苗、减产等现象；二是冬季腐烂较慢，影响作物生长。

在我国已基本实现耕作与收获机械化的今天，农作物秸秆还田主要通过农业机械来实现。机械作业还田需要配备一些专门的农业机械，一是收获机械，用于收获稻、麦、玉米等作物并留茬。二是反旋灭茬机。主要用于稻秆的还田作业，具有耕层较深、埋草效果好的特点，但消耗动力较大，一般与55kW以上的拖拉机相配套。三是水旱两用埋茬耕整机。配套功率为36.8～73.5kW的拖拉机。其在水田耕整地中应用较多，兼用于旱地秸秆粉碎还田作业。该机械可一次完成4项作业，包括埋茬、旋翻、起浆、平整等，作业效率高。

秸秆还田按留茬高度有两种不同还田模式：

一是高留茬还田。所谓高留茬，是指稻、麦、玉米等农作物收获后的留茬田,留茬高度占秸秆整秆长度的 1/3 以上(一般为 25～50cm)。稻、麦高留茬地所用的收获机械主要是全喂入联合收割机。对高留茬地,可在配施适量氮肥(一般亩施碳酸氢铵 10～15kg)后,使用大马力拖拉机直接机械旋耕粉碎还田(图 2-4)。

图 2-4　高留茬还田

二是低留茬全量还田。所谓低留茬,一般是指用带有秸秆切碎装置的半喂入联合收割机收割后的留茬田,留茬高度一般为 10～20cm。随着收割、粉碎的同步进行,将碎秸秆均匀铺撒于田中,然后进行耕整还田(图 2-5)。

目前,高留茬秸秆粉碎还田在秸秆还田中所占比率最大,占秸秆直接还田总面积的 60%左右。

机械化秸秆还田因作物对象与要求不同而不

图 2-5　低留茬全量还田

同,技术路线大体如下:一是秸秆还田数量要适中,一般以每亩(1 亩≈6667m²。全书同)200kg 左右鲜秸秆为宜;二是不同作物、不同季节要有选择性地进行,硬秆作物宜少,软秆作物宜多,冬季作物宜少,夏季作物宜多;三是应用时段要注意,施后立即播种作物的宜少,腐烂后再种作物的可多施,农户要灵活掌握。在具体作物上要做到:

(1)小麦秸秆还田。小麦秆还田因有 2 种收获机具,故有 2 种技术路线。一是全喂入联合收割机收获,其技术路线:收获→秸秆切碎→抛撒→施肥→反转灭茬旋耕机耕作埋压还田。此技术路线要求联合收割机收割留茬≤15cm,秸秆切碎≤10cm,均匀抛撒于田里,秸秆还田机作业深度≥15cm。二是用带秸秆切碎装置的联合收割机收获,其技术路线:收获→施肥→反转灭茬旋耕机耕作埋压还田。实行此技术路线,要求联合收割机收割留茬≤15cm,秸秆切碎≤10cm,并均匀抛撒于田间,秸秆还田机作业深度≥15cm。

(2)水稻秸秆还田。稻草还田也有2种收获机械,因此也有2条技术路线。一是水稻用带秸秆切碎装置的半喂入联合收割机收获,其技术路线是:收获→施肥→反转灭茬旋耕机耕作埋压还田。二是用全喂入联合收割机高留茬割稻、秸秆切碎均匀抛撒→基肥、除草剂撒施→反旋灭茬机耕作还田(图2-6)。

图2-6　收割机收割后抛撒还田

(3)油菜秸秆还田。用油菜收割机收获,其还田的技术路线为收获→秸秆切碎、抛撒→施肥→驱动圆盘犁耕翻埋压或反转灭茬旋耕机耕作埋压。

(4)玉米秸秆还田。用玉米收获机收获,其还田技术路线为:收获→秸秆切碎(用中型拖拉机牵引秸秆粉碎机将玉米秸秆粉碎两遍,成5～10cm小段)、撒抛→按秸秆干重的1%喷施氮肥或粪水使玉米秸秆淋湿→用大中型拖拉机翻耕或旋耕,将秸秆翻入耕层。如遇到酸性土壤,还应适施石灰以中和有机酸并促进分解。

(5)马铃薯茎叶还田。马铃薯茎叶(秸秆)还田要采用马铃薯杀秧机在收获马铃薯块茎前先进行预处理,再用马铃薯收获机收获马铃薯块茎后。具体可参照油菜秸秆还田的技术路线进行反转灭茬旋耕机耕作埋压。

图 2-7 稻草切碎覆盖还田

2.小麦、油菜田覆盖稻草还田

秸秆覆盖还田,是指农作物生长至一定时期(如小麦起身—拔节、夏玉米拔节前、夏大豆分枝—始花期等)时,于作物行间铺施秸秆或秸秆的粉碎物(如糠渣),做到草不成堆,地不露土等(图 2-7)。

经过作物的大部分生长期后,草变酥发脆,用手轻轻一拧即可使其散碎。小麦、油菜收后翻耕入土,不仅可以起到养地增肥,而且在干旱地区还能起到防止水土流失和抗旱保墒作用。秸秆覆盖还田的数量因作物而异,晚稻草还田(冬作田)、麦田免耕盖草一般为150~300kg/亩,冬绿肥田盖草 100~200kg/亩。

秸秆覆盖现已成为干旱、半干旱地区农业增产增收的重要技术措施。

3.墒沟埋草还田

秸秆埋沟是指将小麦、水稻等农作物秸秆埋入农田墒沟,通过调节碳氮比、接种微生物(菌剂)、水沤及农艺活动,加快秸秆腐解,产出优质有机肥,并就地利用的技术方法(图 2-8)。实施这一技

图 2-8 墒沟埋草还田

术时要注意以下几点要求：

(1)适宜的还田量和周期。秸秆还田量既要能够维持和逐步提高土壤有机质含量，又要适可而止，以本田秸秆还田为宜。为避免田块在同一点面上秸秆重复还田，要每隔一年，将埋草的墒沟顺次移动20～25cm，保证4～5年完成一个秸秆还田周期。

(2)适宜的填草和覆土时间。墒沟埋草还田要尽量做到边收割边耕埋。刚刚收获的秸秆含水较多，及时耕埋有利于腐解。墒沟填放秸秆后，要及时镇压覆土，以消除秸秆造成的土壤架空。

(3)埋草深度和旋耕深度。麦秆填埋深度20cm左右为宜。实行机械作业时，要掌握开沟机开沟深度20～25cm，旋耕机耕深7～10cm，以满足小麦秸秆沟埋的需要。

(4)合理施用氮肥。微生物在分解作物秸秆时，自身需要吸收一定量的氮素，因此机械墒沟埋草还田时一定要补充氮肥。一般每100kg秸秆以掺入1kg左右的纯氮为宜。

(5)调控土壤水分。为避免秸秆腐烂过程中产生过多的有机酸，应浅水勤灌，干湿交替，在保持土壤湿润的条件下，力争改善土壤通气状况。

4.创新农作制度间接还田

(1)前作翻耕后直接作为后作的肥料。江南一带最典型、最传统的就是种植绿肥，包括紫云英和苜蓿(黄花草籽)，然后在春季成熟前全量或部分收割后大多量翻耕入田，腐烂后作为后作的底肥直接还田。一般情况下，紫云英作为早稻的底肥，苜蓿作为旱地作物，如柑橘、棉花等的底肥，数量足，方法简单，肥效明显。在品种选择上，目前紫云英多用"大桥种"、"姜山种"；苜蓿大多用"紫花苜蓿"。

(2)间作套种。在收获季节上时间相近或相邻的2种作物，前后或相同时间按比例相隔种植在一起，一般是矮秆作物与高秆作物相搭配。稍早收获的作物秸秆还田留作另一作物的覆盖物。腐烂后既可作为肥料，又可防止杂草滋生、保持土壤墒情。也可选择喜光作物与喜阴作物相搭配。如玉米与大豆间作，大豆稍早些，其收获后豆秆还田作为玉米的覆盖物;低龄果园套种豆类、薯类作物等,收获后将秸秆直接烂于田中作为肥料,覆盖保墒,防止杂草丛生。

图 2-9　棉田套种豌豆

(3)茬口搭配。即前后茬作物之间的搭配种植。一般是前作收获后的秸秆全部或部分作为后茬作物的覆盖物。如"晚稻—马铃薯"、"棉花—豌豆"、"大小麦—西瓜"等种植模式。晚稻收获后的稻草全部或部分作为马铃薯免耕栽培的覆盖物,待马铃薯收获时,稻草也基本上腐烂了;棉花收获后棉秆原地不动,在其行间免耕套种豌豆,待豌豆长高时,滕蔓直接爬上棉秆,棉花就是豌豆的攀附作物,这样可节省许多劳动用工;大小麦地套种露地西瓜的,大小麦收获时只割去上部麦秆,基部留于田中,作为后茬西瓜田的覆盖物,西瓜藤蔓爬上麦秆后,所长的西瓜其瓜型圆润美观、表皮清洁干净、麦秆腐烂后也是西瓜的优质有机肥。

(三)秸秆还田注意要点

1.确定适宜的翻压覆盖时间

最好是边收边耕埋,加快秸秆分解速度。浙江双季稻地区,多采用早稻草原位直接还田,在早稻脱粒后即将稻草撒匀翻埋还田;麦田免耕覆盖,在播种至四叶期进行,以播后覆盖最为普遍;冬绿肥田盖草宜在晚稻收割后立即进行。

2.配备好农业机械

农机配备与使用是制约秸秆还田的重要因素,翻压和粉碎都离不开农机具。因此,根据当地实际情况和需要,选择好适宜的农机种类、型号,确定合理的搭配数量十分重要。

3.选择适宜的翻压深度和粉碎程度

南方稻草翻压还田主要是用早稻草还于晚稻田,选用大中型拖拉机或 8.8kW(1kW≈1.36 马力)手扶拖拉机配旋耕机、切脱机进行还田作业。犁耕或旋耕深度一般在 18～42cm,多数控制在22～27cm。粉碎程度,在手工操作时一般是将稻草切一刀或二刀以成 15～20cm 的碎段还田,使用机械作业时则多掌握在 5～10cm 为宜。还田数量不宜过多也不能太少,过多会影响下茬作物播种质量,过少则效果不大。

4.调控土壤水分

秸秆分解依靠的是土壤中的微生物,而微生物生存繁殖要有合适的土壤水分。秸秆还田田间土壤含水量以田间持水量的60%～70%时为宜,最适于秸秆腐烂。如果水分太多,处于淹水状态,翻压秸秆,容易在淹水还原状态下产生甲烷、硫化氢等还原气体,因此未改良的低洼渍涝田、烂泥田、冷浸田不宜进行秸秆还田。对进行了秸秆还田的田块也要注意水分管理,稻田要浅灌勤灌,适时搁田。旱作也要注意调节水分。

5.合理配施氮磷钾等肥料

农作物秸秆碳氮比值较大,一般为 60∶1～100∶1,同时,土壤微生物在分解作物秸秆时,也需要从土壤中吸收大量的氮,才能完成腐化分解过程。因此在秸秆还田时,需要合理地配施适量氮磷钾肥,一般以每 100kg 秸秆加施 10kg 碳酸氢铵。缺磷和缺硫的土壤还应补施适量的磷肥和硫肥。

6.注意病虫草害传播与防治

带有病菌的秸秆应运出处理,不应还田,如患有纹枯病、稻瘟病、白叶枯病等病害的稻草都不能还田。有二化螟、三化螟发生的田块、稻桩应深翻入土。杂草与作物争水、争肥、争光,侵占地上部和地下部空间,影响作物光合作用,降低作物产量和品质,杂草还是病虫害的中间寄主,因此在采用秸秆还田的同时,应加强对杂草的防治。南方麦田覆盖秸秆前,应先用 60% 丁草胺乳油 100g,兑水 75kg,进行喷雾灭草。

二、利用秸秆制作堆肥

利用秸秆并辅以其他材料,如落叶、野草、水草、绿肥、草炭、垃圾、河泥、塘泥、人畜粪尿等各种有机废弃物,通过堆制可以制成农村常用的一种有机肥料——堆肥(图2-10)。据考证:我国从明、清时期开始,就已有应用堆肥的记载,1591年《袁黄宝氏劝农书》中的"蒸粪法",即相当于现在的堆肥。此书中指出:蒸粪是在农村空地上筑置茅屋,屋檐必须要低,使它能遮避风雨。凡灰土、垃圾、糠秕、秸秆、落叶等都可以堆积在里面,随即把粪堆覆

图2-10 秸秆堆肥

盖起来,闭门上栓,使堆积物在屋内发热腐烂成粪。冬季为了保温可以挖坑堆积,夏季则可使用平地堆积。

(一)堆肥的制作

1.材料

秸秆是堆肥的主体原料,但同时要辅以促进分解的物质,如人畜粪尿或化学氮肥、污水、蚕砂、老堆肥及草木灰、石灰等,以及一些吸收性强的物质如泥炭、黏土及少量的过磷酸钙或磷矿粉等,以防止和减少氨的挥发,提高堆肥的肥效。

2.堆肥腐熟原理

堆肥的腐熟包括堆制材料的矿质化和腐殖质化两个过程。初期以矿质化为主,后期则为腐殖质化占优势。具体可分为以下几个阶段:

(1)发热阶段。常温至50℃左右,一般需6～7d,一些菌类等中温性微生物,分解蛋白质和纤维素、半纤维素,同时放出 NH_3、

CO_2 和热量。

(2)高温阶段。堆温升至 $50 \sim 70℃$,一般只需 3d。此阶段主要是分解半纤维素、纤维素等,同时也开始进行腐殖质的合成。

(3)降温阶段。从高温降到 50℃ 以下,一般 10d 左右,此时秸秆制肥过程基本完成。秸秆肥腐熟的标志是:①秸秆变成褐色或黑褐色,湿时用手握之柔软有弹性,干时很脆容易破碎;②发酵充分或者反应剧烈的话,可闻到酸气。

(4)后熟保肥阶段。此阶段堆肥中 C/N 比减少,腐殖质数量逐渐增加,秸秆肥料可以投入施用。但要做好保肥工作,否则易造成氨的大量挥发。

(二)影响堆肥腐熟的因素

微生物的好氧分解是堆肥腐熟的重要保证,凡是影响微生物活动的因素都会影响堆肥腐熟的效果。主要包括:水分、空气、温度、堆肥材料的 C/N 比和酸碱度(pH),其中,堆肥材料的 C/N 比是影响腐熟程度的关键。

1.有机质含量

有机质含量要适宜。有机质含量低的物质发酵过程中所产生的热将不足以维持堆肥所需要的温度,而且产生的堆肥肥效低;但有机质含量过高,又将给通风供氧带来影响,从而产生厌氧和发臭;堆肥中最合适的有机物含量为 $20\% \sim 80\%$。

2.碳氮比

一般认为微生物活动所需的碳氮比(C/N)为 4:1,即菌体同化 1 份氮时需消耗 25 份碳,其中 5 份碳与 1 份左右的氮构成菌体,约 20 份碳用于呼吸作用的能量消耗。当碳氮比过高,C/N>25 时,碳多氮乏,微生物的发展受到限制,有机物的分解速度就慢、发酵过程就长。容易导致成品堆肥的碳氮比过高,这样堆肥施入土壤后,将夺取土壤中的氮素,陷入"氮饥饿"状态,影响作物生长;反之,如氮不足,C/N<25 时,碳少氮剩,则氮将变成氨态氮而挥发,导致氮元素损失而降低肥效,分解慢,氨损失。

3.水分

在堆肥过程中,适宜的含水量为堆肥材料最大持水量的60%～70%,水分超过 70%,温度难以上升,分解速度明显降低。因为水分过多,使堆肥物质粒子间充满水,有碍于通风,从而造成厌氧状态,不利于好氧微生物生长并产生 H_2S 等恶臭气体。水分低于60%,则不能满足微生物生长需要,有机物难以分解。

4.温度

堆体温度应掌握前低、中高、后降的原则。不能太高,最高50～70℃。这是因为温度的作用主要是影响微生物的生长。高温菌对有机物的降解效率高于中温菌,快速高温好氧堆肥技术正是利用这一点。初堆肥时,堆体温度一般与环境温度相一致,经过中温菌 1～2d 的作用,堆肥温度便能达到高温菌的理想温度 50～65℃,在这样的高温下,一般堆肥只要 5～6d,即可达到无害化。堆温过低会延长腐熟的时间,而过高的堆温(>70℃)将对堆肥微生物产生有害的影响。外界环境温度过低时,要考虑覆盖保温、接种热源。

5.碳磷比

一般要求堆肥的碳磷比(C/P)在 75～150 为宜。增加无机磷(包括易溶和难溶磷肥)主要目的是通过堆肥使无机磷转化为有机磷或磷酸根,通过金属元素(如 Ca 或 Fe)与有机酸如腐殖质酸形成三元复合体,达到减少磷肥直接施用造成的土壤固定作用;难溶磷肥(磷矿粉)可通过堆肥过程达到提高溶解度的目的。

6.pH 值

一般微生物最适宜的 pH 值是中性或弱碱性,pH 值不能>8或<5.3。pH 值太高或太低都会使堆肥处理遇到困难。在堆肥初始阶段,由于有机酸的生成,pH 值下降(可降至 5.0),如果废物堆肥成厌氧状态,则 pH 值继续下降。此外,pH 值也会影响氮的损失。一般情况下,堆肥过程有足够的缓冲作用,能使 pH 值稳定在可保证好氧分解的酸碱度水平。

（三）堆肥的施用与效果

堆肥是一种含有机质和各种营养物质的完全肥料，长期施用堆肥可以起到培肥改土的作用。堆肥属于热性肥料，一般多用作基肥。

在具体施用时，堆肥应视不同土壤，采用不同的施用方法，如在黏重土壤上应施用完全腐熟的堆肥，砂质土壤则施用中等腐熟的堆肥。施用堆肥不仅能提供给作物多种养分，而且能大量增加土壤有机质，补充土壤大量的微生物类群，因而施用堆肥，能提高土壤肥力，增加 N、P、K 养分，提高保水性、透水性，增加空隙度。

三、利用秸秆制造沤肥

利用秸秆制造沤肥，是秸秆肥料化利用的方式之一。在我国南方平原水网地区，历来就有堆制沤肥的习惯；在北方有水源的地方或在雨季，利用秸秆制作沤肥也不罕见。

（一）沤肥堆制历史

堆制沤肥还田，主要是将秸秆和稻草等物质堆肥发酵腐熟后施入土壤中。在我国，沤肥的历史至今已有 800 余年。据古代文献记载，我国沤肥始于公元十一世纪的南宋。虽然当时没有明确的提出沤肥这一名称，但在事实上已经开始应用。1630 年明代《国脉民天》里又记载了"酿粪法"，它是宋代沤肥方法的发展与改进。酿粪是在宅旁前后的空地上，建置土墙草屋并挖坑，用鱼腥水沤制青草和各种有机废物。因此，酿粪法更加接近于当今我国南方农家惯用的沤肥。

由于沤肥沤制的场所、时期、材料和方法上的差异，各地名称不一。江苏叫"草塘泥"，湖南、湖北、广西叫"凼肥"，江西、安徽叫"窖肥"，华北叫"坑肥"，河南叫"汤肥"等。秸秆堆肥后使得木质素降低，促进土壤对营养物质的吸收，改善土壤理化性质。以前农村比较普遍，因为肥料种类少，不得不这样做，这是重要的肥源；现在应用较少，原因是堆沤劳动强度大、时间长，农民不愿采用，一般可选择在夏季,腐烂快速、转运方便、就近进行。

(二)沤肥堆制方法

利用秸秆堆制沤肥,实际上就是在嫌气条件下进行腐解,在沤制过程中养分损失少,肥料质量高。但沤肥腐熟的时间要比堆肥长。目前,此项技术的常有操作方法是:先挖好一个深度≥1.5m的坑,坑的大小、形状应根据场地和秸秆材料量的多少灵活掌握。挖坑完成后,将坑底夯实,先铺一层厚 30cm 左右未切碎的稻秆、麦秆或玉米秸秆,加施适量水分,调节好含水量。然后将秸秆全部粉碎成 10cm 左右小段后堆成 20cm 厚的草堆,并向堆上泼洒秸秆腐熟剂、人畜粪(可用尿素或碳酸氢铵代替)水液,然后再堆第二层,以此类推,逐层撒铺,共堆 10 层左右,堆层高出地面 1m 左右,然后用土将肥堆覆盖或加盖黑塑料膜封严沤制。

秸秆堆沤温度应控制在 50～60℃,最高不宜超过 70℃。堆沤湿度以 60%～70% 为宜,即用手捏混合物,以手湿并见有水挤出为适度,秸秆过干要补充水分。在夏季、秋季多雨高温时期,一般堆腐时间 5～7d,即可作为底肥施用。

堆沤中每吨秸秆腐熟剂总用量为 2kg,人畜粪总用量为 100～200kg(可用尿素 5kg 或碳酸氢铵 20kg 加水代替)。秸秆腐熟剂由主要物料+辅料+生物菌配置而成,可向有关生物技术公司购买,有条件的也可自己配置。主要物料为畜禽粪便、果渣、蘑菇渣、酒糟、糠醛渣、茶渣、污泥等大宗物料,果渣、糠醛渣等酸度高,应提前用生石灰调至 pH 值 7.0 左右。辅料为米糠、锯末、饼粕粉、秸秆粉等,干燥、粉状、高碳即可;生物菌主要由细菌、真菌复合而成,互不拮抗,协同作用。有效活菌数在 200 亿个/g 以上。

四、秸秆制沼还田

秸秆可用于发酵,产生沼气作为能源应用(详见本章第三节)。同时,秸秆制沼以后产生的副产品——沼渣与沼液,又是很好的有机肥料。

近年来,各地逐步在推行的高温发酵仓技术,实际上这是一种新型的秸秆制沼还田方式,是基于农村废弃物厌氧发酵的农业循环利用系统。它主要由太阳能发酵房和厌氧发酵池两大部分组成。其原理是秸秆经粉碎机粉碎后进入太阳能发酵房,固体废弃物在发酵仓中堆沤发酵,渗滤液经由管道到达厌氧池厌氧处理,厌氧产生的沼气净化后用于发电。根据作者在宁海国盛果蔬专业合作社农田的试验处理(表2-6),不同作物秸秆废弃物在自然条件下腐烂和发酵仓中腐烂所用时间对比,效果完全不同。

表2-6　不同作物发酵仓腐烂与自然腐烂所用时间对比

（单位:d）

作　　物	试验月份	自然腐烂	发酵仓腐烂
西兰花	12	48	36
松花菜	11	45	34
柑橘残渣	10	3个月以上	52

高温发酵仓技术高效、环保,设备简单易操作,但也存在着缺陷。一是受地域影响,一般适合规模生产基地就近区域应用;二是受天气季节影响,晴天效果佳阴雨天效果差,夏季效果明显好于冬季;三是受作物影响,只局限应用于少数作物。如对蔬菜、柑橘等作物秸秆废弃物进行处理时会产生大量酸性物质,不利于发酵进行,为调节发酵仓酸碱度,大量石灰或氢氧化钠使用也会增加成本。目前,已有人对发酵仓进行改良,在发酵仓底部加入鼓风设备鼓入热气,可加速阴雨天或冬天的发酵速度。

五、秸秆快腐剂与生物反应堆应用

(一)秸秆快腐剂应用

秸秆快速腐熟剂是在堆沤的基础上,利用有机物的微生物代谢分解原理,增加细菌数量,快速有效地对秸秆进行分解的一种方法。一般的秸秆腐熟剂是由不同的微生物组成,包括酵母菌、霉菌、细菌和芽孢杆菌等。这些微生物能够将秸秆作为自己新陈代谢的原料和能源,转化成植物生长所需的有机物以及氮、磷、钾等大量元素和钙、镁、锰、硼等微量元素,从而促进植物的生长。根据堆腐过程中堆温变化可将其分为4个阶段。

1. 升温阶段(堆沤初期)

堆温由常温升到50℃左右,夏秋仅需1~2d,该阶段与秸秆的新鲜程度及含水量有关。这个阶段中温性微生物分解秸秆中被水淋溶下来的有机物,并放出热量,使堆温升高到30℃以上,营造高温微生物的生长繁殖条件。

2. 高温阶段

堆温从50℃上升到65~70℃。除前一阶段未完全分解完且易被分解的有机质继续分解外,主要是以高温性微生物分解纤维素、半纤维素、果胶等,与此同时堆内进行与有机质分解相对立的腐殖化过程,形成少量黑色的腐殖质。当高温持续一段时间后,纤维素、半纤维素、果胶已大多分解,只剩下难以分解的复杂成分(木质素和新形成的腐殖质)。这一阶段是优质堆腐的核心,一般历时10~15d。

3. 降温阶段

高温微生物的生命活动减弱,产生的热量减少,温度逐渐下降。中温性微生物代替了热性微生物,堆温由50℃下降至40℃左右,历时约10d。

4. 腐熟保肥阶段

堆温继续下降到30℃左右,堆肥物质进一步缓慢腐解,成为与土壤腐殖质十分相近的物质。

与传统发酵法相比,利用秸秆快腐剂堆腐的肥料营养成分更高一些,其中有机质含量能够达到60%,有效养分相当于一般土杂肥的2~3倍;其次,腐熟剂中的一些细菌,能够有效地将秸秆中的磷、钾等成分转化为植物需要的养分形式,从而有利于植物吸收;再次,通过整个发酵过程,能够降低土壤中致病细菌的含量,减少农作物病害发生比例。在堆肥过程中的高温阶段能够将许多致病菌和杂草种子杀死。另外,利用腐熟剂对秸秆进行堆肥,还能够刺激作物的生长,使作物生长更加苗壮,根系更加发达。

根据作者近年来对水稻、小麦等作物的试验研究,使用秸秆快腐剂能加速作物秸秆腐烂,但不同作物的秸秆腐烂进度表现不同(表2-7),其中,在早稻、蚕豆上效果最为明显,腐烂时间分别提前了3d和4d。究其原因主要有以下几种可能:一是季节温度的影响,早稻7月收割,正值夏季气温高,微生物活性相对较大,能快速地分解有机物质;二是不同作物秸秆的化学成分不同,水稻小麦秸秆中粗纤维含量高,水分含量低,蚕豆中粗纤维含量稍低,导致其较菜叶类秸秆腐烂速度慢。值得注意的是:秸秆在田间腐烂过程中,微生物代谢需要消耗一定的氮元素和碳元素,微生物分解有机物适宜的碳氮比为25∶1,而多数秸秆的碳氮比高达70∶1～75∶1,这就会导致微生物必须从土壤中吸取氮元素以补不足,从而造成秸秆腐烂和作物幼苗争氮的现象,因此,秸秆腐烂分解时需增施适量氮肥,这一点要值得关注。

表2-7　不同作物应用快腐剂效果对比

(单位:d)

作物	应用月份	自然腐烂	应用快腐剂腐烂
早稻	7	14	10
晚稻	11	32	24
小麦	5	22	16
蚕豆	5	10	6

(二)秸秆生物反应堆还田技术

秸秆生物反应堆技术,是指将农作物秸秆加入一定比例的水和微生物菌种、催化剂等原料,使之发酵分解产生CO_2并通过构

图 2 - 11　秸秆生物反应堆技术处理

造简易的 CO_2 交换机（或靠扩散释放）对农作物进行气体施肥，满足农作物对 CO_2 需求的一项技术（图 2 - 11）。此技术不仅能够"补气"（增加 CO_2），而且可有效增加土壤有机质和养分，提高地温，抑制病虫害，减少化肥农药使用量。该技术方便简单，运行成本低廉，增产增收效果显著，适用于从事温室大棚瓜果、蔬菜等经济作物生产的农户应用。

六、果枝制作基质

在城市公园、道路两侧，因绿化养护及果园整枝修剪而产生的剪枝、间伐材、草坪叶和秋季落叶等有机废弃物，主要成分是可溶性糖类、淀粉、纤维素、半纤维素、果胶质、木质素、脂肪、蜡质、磷脂以及蛋白质等，木质含量高，不易腐烂，在处理利用时应分别对待，分 3 步加以处理。

1. 减量化、无害化处理

通过机械粉碎，使其体积缩小、木质纤维初步破坏，以解决运输难、占地大的问题，然后再进行药物消毒处理或以土掩埋。直接堆腐也可，但因其木质含量大，堆腐时间长，费时费力，养分损失，容易污染环境，不如先粉碎消毒，以达到减量化、无害化的要求。

2. 发酵处理

无害化发酵处理是处理果枝、树枝等富含木质成分的有机废弃物最核心的技术，处理时需要对温度、水分、酸碱度、配料添加比例等发酵条件进行综合调控。

（1）水分调控。木质材料发酵前用水浸透，发酵过程中，水分保持在 60%～70%。

（2）空气调控。堆积时不宜太紧，也不宜太松，料堆上要打通气孔,以保持良好的通气条件。

(3)温度调控。发酵初期,料温以达到 55～70℃ 高温为宜,并保持一周左右,促使高温微生物分解木质素。之后 10d 左右维持40～50℃ 高温,使木质素进一步分解,促进氨化作用和养分释放。

(4)酸碱度与碳氮比调控。酸碱度保持在中性或微碱性为好;碳氮比以(25∶1)～(30∶1)为宜,通过添加尿素来进行调节。

(5)营养调控。适量加入豆饼、麦麸,为微生物的活动补充营养。

(6)微生物调控。利用微生物促进发酵,微生物可选用 EM菌、酵素菌、木屑菌等,用量为 0.5kg/m³。

3.基质深加工

(1)杀菌处理。经过高温腐熟后的木质有机物在发酵过程中会产生大量的酚类和苯环类有害物质,对作物生长极为不利,故应采用化学杀菌方法予以处理。一般可用 15% 甲醛、杀虫剂等浸泡灭菌后晒干。

(2)基质形成。处理后的木质有机物可与一定的农家畜禽有机肥或化肥等进行混配,制成在茄果类、瓜类、叶菜类、根茎类蔬菜上应用的不同基质。

七、秸秆过腹还田

将秸秆饲喂牲畜后产生的粪尿等排泄物施入土壤,称为秸秆牲畜过腹还田。采用过腹还田方式处理秸秆,不仅能满足了牲畜的部分饲料需求,并且可以通过动物对秸秆的消化使其转化为有机肥,因此,过腹还田既有利于畜牧业发展,又可改善农田养分状况,形成秸秆在家畜和农田之间的循环利用,是一种发展农业循环经济的有效方式。具体技术参考本章第四节。

第三节　农作物秸秆能源化利用

随着石化能源的日趋枯竭和经济社会发展中能源短缺矛盾的日益突出,国家从"六五"末就开始组织对秸秆的能源化利用进行了研究和攻关,现已取得较大进展。

一、秸秆气化集中供气技术

秸秆气化集中供气技术,是我国农村能源建设推出的一项新技术。它是以农村丰富的秸秆为原料,通过燃烧和热解气化反应转换成为气体燃料,在净化器中除去灰尘和焦油等杂质,由风机送入气柜,再通过铺设在地下的网管输送到系统中的每一用户,供炊事、采暖燃用,使用方便(图2-12)。

图2-12　秸秆气化设施

我国从"七五"期间开始对这项技术进行科研攻关,"八五"期间由国家科委、农业部在山东省等地进行试点,先后研制出3种形式的气化炉:上吸式、下吸式、层式下吸式,然而研究的步伐远迟于某些发达国家。目前,我国在生物质热分解气化研究上已取得较大发展,从单一固定床气化炉到流化床、循环流化床、双循环流化床和氧化气化流化床;由低热值气化装置到中热值气化装置;由户用燃气炉到工业烘干、集中供气和发电系统等工程应用。我国已建立了各种类型的试验示范系统,目前低热值秸秆气化效率在70%左右,其自行研究开发的气化集中供气技术在国际上已处于领先地位,有的应用设备已开始商业运作。例如:山东省能源所成功地研制成XFL系列型生物气化机组及集中供气系统,被列入"星火"示范工程;江苏省吴江市生产的稻壳气化炉,用碾米厂的下脚料气化后进行发电,其发电机组达160kW。生产低热值燃气的固定床、流化床生物质气化装置也相继研制成功,并开始投放市场,如在山东省、河北省等地,XD型、XFF型、GMQ型等下吸式气化器已用于燃气供热和农村集中供生活用燃气;已有100多套容量为60～240kW的稻壳气化发电机组投入运行,生物质燃气发电机组也已开发成功。这些气化装置的特点是操作比较简单,但燃气热值一般在 5MJ/m³ 左右。生产中热值煤气气化设备的研制也取得初步成果,如热载体循环的木屑气化装置获得了 11MJ/m³ 以上的煤气,单产达到 1.0Nm³/kg 左右;固定床式干馏气化产气量达到 330m³/d,煤气转化率在 40% 左右。进入 20 世纪 90 年代后,为进一步推广应用,国内一些高等院校和科研院所在生物质热解特性、焦油裂解、煤气净化等方面又做了大量应用研究,取得不少成果,技术逐步趋向成熟。1996年,我国秸秆气化技术开始全面推广应用。在发达国家特别是西欧和美国,这一技术不仅已经普遍推广,而且也形成了较大的产业规模。

秸秆气化所形成的可燃气体,是一种混合燃气,据北京市燃气及燃气用具产品质量监督检验站 2000 年检验:可燃气体中含氢 15.27%、氧 3.12%、氮 56.22%、甲烷 1.57%、一氧化碳 9.76%、二氧化碳 13.75%、乙烯 0.10%、乙烷 0.13%、丙烷 0.03%、丙烯 0.05%。

(一)秸秆类生物质气化集中供气工程

由燃气发生炉机组、储气柜、输气管网、用户燃气设备 4 部分组成。

1. 燃气发生炉机组

燃气发生炉机组主要采用技术成熟的固定床气化炉。机组由 5 个部分组成:

(1)原料粉碎、送料部分。原料经过粉碎达到要求后,经上料机送入气化炉。

(2)原料气化部分。粉碎后的秸秆原料,在气化炉内进行收控燃烧和还原反应,产生燃气。

(3)燃气净化系统。该系统由气体降温、水净化处理、焦油分离 3 个部分组成,净化处理后的污水进入净化池,经沉淀净化处理后,返回机组重新使用,不外排。

(4)气水分离部分。用风机将燃气送入储气柜,焦油送入焦油分离器。

(5)水封器部分。水封器的功能是防止进入气柜的燃气回流。

2.储气柜

净化后的燃气即时送入储气柜,储气柜的作用主要是储存燃气,调节用气量,保持气柜恒定压力,使燃气炉灶供气稳定。储气柜有气袋式、全钢柜、半地下钢柜等多种结构,可根据具体情况选择使用。

3.管网

由管道组成的管网,是将燃气送往用户的运输工具。分为干管、支管、用户引入管、室内管道等。燃气管网属于低压管网,管道压力不大于400Pa。

4.用户燃气设备

如家用燃气灶、燃气热水炉、压缩机、热水锅炉等。

(二)工艺流程

秸秆类生物质气化集中供气工程工艺流程如图 2-13 所示。

图 2-13　气化集中供气工程工艺流程

燃气中的主要气体成分及气化器性能,据张瑞华((辽宁省环境科学研究院)提供的测定资料,如表 2-8 所列。

国内如山东省,农村秸秆集中供气系统目前已得到较大的推广应用,建成供气工程约 300 家,总投资额达亿元以上;其他省份也已有几十家单位从事农村秸秆集中供气装置的生产、销售。秸秆气化集中供气技术以农村大量的各种秸秆为主要气化原料,以集中供气的方式向农民提供炊事燃气或烘干粮食的热能。

表2-8 燃气中的主要气体成分及气化器性能

生物质品种		玉米芯	棉 秆	玉米秸	小麦秸
燃气成分	CO_2	12.5	11.6	13.0	14.0
	O_2	1.4	1.5	1.6	1.7
	CO	22.5	22.7	21.4	17.6
	H_2	12.3	11.5	12.2	8.5
	CH	2.32	1.92	1.87	1.36
低位热值(kJ/m^3)		5302	5585	5328	3664
产气量(m^3/h)		135	109	116	113
输出热量(kJ/h)		716	609	618	414
气化效率(%)		77	78	74	73
产气率(Nm^3/kg)		2.3	1.9	1.9	2.5
气化强度[$MJ/(m^2 \cdot h)$]		5176	4402	4469	2993
速度(m/s)		0.271	0.49	0.233	0.215

引自:张瑞华.我国农村推广秸秆类生物质气化集中供气技术探讨.环境保护科学杂志.2005年4月

但是,在生物质气化集中供气技术应用过程中,也存在着某些问题。

(1)我国大量推广应用的农村秸秆集中供气系统,都是以空气介质生产的低热值生物质燃气。这种燃气中的可燃成分以CO为主,其含量超过国家规定的民用燃气标准,特别是农村,农民文化科技素质较低,用这种燃气做炊事用气,存在着较大安全隐患。

(2)由于燃气值低,燃烧后的废气对环境污染较大。送气管道在使用工程中,焦油清除不净,很容易被堵塞;生产过程中脱离出来的焦油数量少,难以再回收利用,如果排放出来,会造成环境污染。

二、秸秆固化

(一)秸秆固化技术进展

秸秆固化技术即秸秆固化成型燃料生产技术,是指在一定条

件下,将松散细碎的、具有一定粒度的秸秆挤压成质地致密、形状

规则的棒状、块状或粒状物的加工工艺,又称秸秆固化成型、秸秆压缩成型或秸秆致密成型。秸秆固化成型技术按生产工艺分为黏结成型、热压缩成型和压缩颗粒燃料,可制成棒状、块状、颗粒状等(图2-14)。

图 2-14　生产秸秆固化燃料

秸秆固化技术的研究,国外起步于 20 世纪 30 年代,美国和日本最先开发研制了秸秆固化成型的机械和设备。1045 年,日本推出螺杆挤压式固化成型设备;1983 年,日本从美国引进生物质颗粒成型燃料技术;1987 年美国建立了十几个生物质颗粒成型燃料厂,年生产能力达到十几万吨,同年日本也有几十家企业将生物质固化成型燃料投入产业化生产;20 世纪 80 年代,泰国、越南、印度、菲律宾等国家也研制出一些适合本国国情的农作物秸秆及生物质固化设备,建立了一些专业生产厂。

我国对秸秆固化成型技术的研究是从“七五”期间开始的,“八五”期间,全国有数十家大专院校、科研院所、国有和民营企业投入研究,如中国农机院能源动力所、辽宁能源所、中国农业工程研究设计院等,对生物质冲压技术及装置,挤压式压块技术及装置,烘烤技术及装置,多功能炉技术进行了攻关研究,解决了生物质致密成型关键技术。成型设备主要有活塞冲压式、螺旋挤压式、环模滚压式等几种类型。采用螺旋挤压式,生产能力多在 100～200kg/h,电机功率 7.5～18kW,电加热功率 2～14kW,单位产品电耗为 70～120kW·h/t,加工成型的燃料为棒状,直径 50～70mm。

随着炭化技术研究成果的出现,我国在生物质成型技术上取得了可喜的成绩,并由生活燃料为主转向了工业化应用,在供暖、

干燥、发电等领域普遍推广。西北农林科技大学已经研制出
JX7.5、JX11 和 SZJ80A 三种植物燃料成型机。全国 40 多个中小
型企业也开展了生物质成型这方面的工作,如江苏省句容县石狮
成型燃料厂,拥有 MD 两台、干燥设备一套,年产量 960t,产品价
格 200 元/t,年利润 2.338 万元;湖南省新晃县步头降乡实验厂,
有 C1001 型碳化设备,年产量 396t,年利润 2.47 万元,产品价格
400 元/t;辽宁省沈阳郊区机制木炭厂,有 2 台成型机,3 台炭化
炉,年产量为 300t,产品价格 1 700 元/t,年利润 26.65 万元等等。
我国农作物秸秆固化成型燃料和饲料的生产技术已基本成熟。

秸秆固化成型燃料性能优于木材,既保留秸秆原先所具有的
易燃、无污染等优良燃烧性能,又具有耐烧特性,且便于运输、销售
和贮存。此外,秸秆固化成型燃料由于取自自然状态的原料,不含
易裂变、爆炸等化学物质,因此不会像其他能源那样,发生中毒、爆
炸、泄漏等事故。秸秆固化成型燃料既可以作为优质替代燃料供
锅炉、采暖炉、茶水炉及炊事等使用,又可用作工农业生产燃料,也
可用于替代燃煤发电,还可经过进一步深加工,用于生产人工木
炭、活性炭等高附加值产品(表 2-9)。

表 2-9　秸秆固化成型燃料热值表

燃料原料	玉米秆	玉米芯	麦秆	稻草	稻壳	杂草	豆秆	花生壳	高粱秆	棉秆
热值(kJ/kg)	17 746	17 730	18 532	17 636	16 017	16 204	16 157	21 417	15 066	18 089

(二)秸秆固化工艺流程

秸秆固化工艺流程是:秸秆收集→干燥→粉碎→成型→成
品→燃烧→供热。

(三)秸秆固化热压致密成型机理

主要是木质素起胶黏剂的作用。木质素在植物组织中有增强
细胞壁和黏合纤维的功能,属非晶体,有软化点,当温度在 70～

110℃时黏合力开始增加,在 200～300℃时发生软化、液化。此时,再加以一定的压力,维持一定的热压滞留时间,可使木质素与纤维致密黏接,加压后固化成型。粉碎的生物质颗粒互相交织,增加了成型强度。

目前,可供推广使用的压制成型机械主要有螺旋挤压式、活塞冲压式和环模滚压式等几种类型。此外,固化了的成型燃料还可使用碳化炉对其进行深加工,制成机械强度更高的"生物煤"、"秸秆煤"。

三、秸秆制沼工艺

秸秆制沼技术,是一种以农作物秸秆为主要发酵原料生产沼气的新技术。秸秆发酵所产生的沼气中可燃甲烷气高达 50%～70%,在稍高于常温的状态下,利用 PVC 管进行传输,作为农家烹饪、照明、果品保鲜等能源。利用秸秆制沼,原料充足,生态环保,产气率高,供气周期长,是解决常规制沼粪源不足、使用率低及秸秆污染的有效途径。

秸秆制沼的技术要点如下。

1. 选用池型,按图施工

制沼池型应根据制沼的原料决定,经各地试验,适合秸秆制沼的池型以两步发酵多功能沼气池(图 2-15)最为理想,该池型的特点是将产生沼气的过程分成两个池来完成,先酸化,后产气。

图 2-15　建造两步发酵多功能沼气池

两步发酵多功能沼气池的优点是:①管理使用方便。②产气率高。在原料充足,发酵正常的情况下,产气率比常规池要高 2 倍以上。③可自动完成搅拌、破壳,能避免表面结壳和底层沉淀的现象。④占地面积小。⑤产酸池料温高,产气池微生物降解秸秆、转化甲烷速度快。

2.备足原辅材料

首先,要选择无蜡质、无光泽、存放一年以上的稻秆、麦秆、玉米秆为原料,这种秸秆吸肥吸水快、腐化时间短。据试验,在 35℃条件下水稻、小麦、玉米秆每千克干物质的产气量分别为 $0.5m^3$ 和 $0.45m^3$,在 20℃条件下每千克干物质的产气量为 35℃ 条件下的 60%。建设一个 8 立方米沼气池约需秸秆 400kg、碳酸氢铵 15kg(或尿素 6kg)、生物菌种 1kg、水 450kg。如是 10 立方米沼气池需备秸秆 500kg、碳酸氢铵 16kg(或尿素 6.5kg)、生物菌种 1.2kg、水 500kg。

3.搞好秸秆预处理

先将秸秆在铡草机上铡成 5～10cm,或用粉碎机将秸秆粉碎成 1～3cm 的碎片。每立方米沼气池需备处理后的秸秆 50～55kg。秸秆铡短后,放入酸化池,边放边加水,混合均匀,湿润堆沤 24h 后,加入对水后的碳酸氢铵(或尿素)、生物菌种,泼在湿润的秸秆上,翻动秸秆,使之混合均匀,最终使秸秆含水率达到 55%～70%,即以用手捏紧秸秆有少量的水滴下为宜。

如用新鲜稻草为原料,要先经机械揉搓,使秸秆中的纤维素、半纤维素、木质素的镶嵌结构受到破坏,有利于生物菌种的侵蚀渗透。

完成上述处理后,可在酸化池中对秸秆进行堆沤,堆沤时要在堆垛的四周及顶部每隔 30～50cm 打 1 个孔,以利于通气,并用塑料薄膜覆盖严密,若气温低应加盖草苫保温,堆沤 7～8d,待秸秆长出白色菌丝,堆沤酸化成功。

4.将酸化后的秸秆放入产气池

将长出白色菌丝已完成酸化的秸秆,移入预先建造好的沼气池(产气池)中。秸秆移入前要将碳酸氢铵 10～12.5kg 溶于水中,然后与接种物、处理好的秸秆一起混合均匀填入沼气池中,再注水淹没秸秆。据试验,淹没的程度以达到主池容积的90%、补水至密封口60~70cm的距离为度,然后加盖封池。在沼气发酵启动排放初期,不能放气试火。

5.放气试火

当水表压力达到20cm水柱以上时,进行1~2d放废气后才能进行试火。试火成功后,启动即告完成。

6.日常管理

秸秆沼气池使用2~3个月,气压有所下降时,要及时进行循环搅拌,时间约0.5h。同时,每隔15~20d,可补充少量的人畜粪屎,保证正常使用。若前期火苗太小,可适当再加入10kg碳酸氢铵,调节碳氮比。秸秆沼气池使用时间为8个月左右,因此应按时进行换料。大换料要求池温在15℃以上的季节进行,低温季节不宜进行大换料。大换料时应注意:①大换料前10d应停止进料。②要准备好足够的新料,待出料后立即重新进行启动。③出料时尽量做到清除残渣,保留细碎活性污泥,留下10%~30%的活性污泥为主的料液作接种物。

第四节 农作物秸秆饲料化利用

秸秆的营养价值相当于谷物的1/4。当前,我国可作畜禽饲料主要是新鲜(青)的秸秆。鲜食豆类、玉米收割后的鲜(青)秸秆,是牛羊等草食家畜的优质牧草;薯类藤蔓、叶菜鲜嫩多汁,既可作牛羊饲料(图2-16),也可作猪、禽的青绿饲料。鲜(青)秸秆因植株在生长旺盛期被收割,可溶性糖分与水分含量高,纤维木质化低,口感好,营养价值高。鲜(青)秸秆既可粉碎直接饲喂,也可经过青贮、微贮后饲喂,为我国农区草食畜禽的主要牧草来源。而豆类、玉米和水稻等作物在枯黄期收割留下的秸秆,对畜禽来说,口感差、营养价值低,主要作牛羊肠胃保健作用的干草类饲料少量使用。这类秸秆目前通过氨化等技术处理后,营养成分与消化利用率可提高到 $1\sim3$ 倍。饲喂添加量可适当增加。

为提高秸秆的利用率,秸秆普遍采取加工贮藏。常用的技术方法:青贮、微贮、氨化、碱化、热喷及生产单细胞蛋白等。这些技术,有的可延长鲜

图 2 - 16　宁海利丰牧业以新鲜叶菜废弃物投喂奶牛

(青)秸秆保质期,有的可提高营养成分与消化利用率,都有较好的市场发展前景。

一、秸秆青贮技术

秸秆饲料的青贮技术,是指将含水率为 $65\%\sim75\%$ 的鲜(青)秸秆经切碎或粉碎后直接窖贮、装袋或打捆包裹储藏的秸秆饲料存储技术。青贮的秸秆饲料经压实密封,在适宜的湿度条件下,依靠自身所含有的微生物在密闭缺氧的条件下,通过厌氧乳酸菌的发酵作用,产生乳酸,使贮料内部的 pH 值降到 $4.5\sim5.0$。此时,大部分微生物都会停止繁殖,最后乳酸菌也被自身产生的乳酸所控制而停止生长,从而达到秸秆饲料青贮的目的。

可作为青贮的原料很多,如鲜玉米秸秆、莜麦草、地瓜藤、花生蔓等都可以青贮。这些鲜(青)秸秆可整株青贮,也可切碎青贮,皆能保存秸秆中绝大部分的养分。青贮饲料营养丰富、柔软多汁,气味酸甜芳香,适口性好,十分适于饲喂牛羊猪兔等家畜。青贮饲料制作方法简便、成本小,不受气候和季节限制,而且保存时间长。

(一)青贮窖的技术要求

1.选址

青贮窖要设在地势较高、地下水位较低、土质坚实、离畜舍较

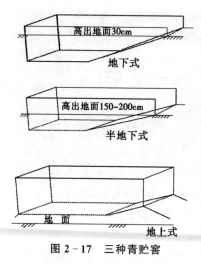

高出地面30cm

地下式

高出地面150~200cm

半地下式

地　面

地上式

图 2-17　三种青贮窖

近、制作和取用青贮饲料方便的地方。

2. 形状

青贮窖分为地下式、半地下式和地上式 3 种,如图 2-17 所示。地上式高出地面 30cm。

3. 深浅大小

窖的深浅、大小可根据所养家畜的数量、饲喂时间的长短和需要贮存的饲草的数量进行设计。一般草料含水量 60% 左右,每立方米窖可青贮玉米秸秆 500~600kg。

为防止空气进入,青贮窖要求能够密封,四壁要平直光滑,以防止空气积聚,并有利于饲草的装填压实。窖底部从一端到另一端须有一定的坡度,或建一个储液坑,以便储存上层草料滤出的汁液。

(二)不同形状青贮窖的建设要求

随着饲料青贮方法的不断改进,目前已有多种青贮窖类型。

1. 地下式青贮地窖

(1)土窖。是一种地壕式结构,建造成本低,在雨水较少和排水良好的北方地区较为适用。

(2)水泥窖。窖壁用砖或石块砌成,高出地面 20~30cm,防止贮料自然下沉后表面积水。内壁用水泥抹平。地窖的四壁要光滑平整,窖的上端必须比底部宽,以免四周塌土;窖底须形成斜坡,以利排除饲草中过多的汁液。

2. 地上式青贮窖

在雨水较多和地下水位较高的地区较为适用。青贮窖底部在地面以上或稍高于地面,整个窖壁和窖底都用石块或砖砌成,内壁用水泥抹面,使之平整光滑。窖的四周应有排水沟,特别要防止暴雨时地面水从一端的入口处灌入。同时,窖的高度要合适,不能过高,过高则会使装料和踩实困难,而且容易使铡草机直接吹入窖内的饲草从顶部飘散,造成浪费。

3.半地下式青贮窖

可参考上述要求建设即可。

(三)秸秆青贮的制作程序

秸秆青贮的工艺流程:适时收割→适当晾晒(降低水分)→转运到青贮现场→机械切短→装窖→(加入添加剂)→压实→封顶。

秸秆青贮制作技术要点如下。

1.适时收割与适当晾晒

从以下两个方面掌握:一是看籽实成熟程度:"乳熟早,完熟迟,蜡熟正当时";二是看青黄叶比例:"黄叶差,青叶好,各占一半就嫌老"。秸秆收获要适时。收割后的秸秆水分含量较高,可在田间适当摊晒一下太阳,使水分含量降低到60%左右。

2.转运

收割后的青贮秸秆适当晾晒后,要及时转运到青贮现场,若相隔时间太久,易使养分损失过大。

3.切短

秸秆运到后要及时用铡草机切短,一般要求切短至2～5cm,切得短,装填时可压得更结实,有利于缩短秸秆青贮过程中微生物有氧活动的时间。此外,青贮秸秆切得较短,有利于以后取挖,也便于在将青贮秸秆供牛羊采食时,减少浪费。用铡草机切短时,除了要掌握切的长短外,还要注意集中人力和机器设备等,以便及时装窖和封窖,耽误时间长,草料的营养损失大。

4.装窖

切短后的青贮秸秆要及时装入青贮窖内,加入添加剂:为了提高青贮料的粗蛋白质可添加尿素、防腐可添加食盐、增强适口性和青贮料的转化率可添加微生态制剂(青微贮)。

5.压实

可采取边切短边装窖边压实的办法。装窖时如是人工踩实，每装 30cm 就要踩实一次；如果是机械压实，每装 50～80cm 就要压实一次，特别要注意的是青贮窖的四周和拐角要用人工反复踩压，特别是四周可用木杠捣实。如果两种以上的原料混合青贮，应把切短的原料混合均匀装入窖内。同时检查原料的含水量。水分适当时，用手拧紧草料时露出水珠而不下滴。如果一次不能装满并封顶，应用塑料薄膜盖好已装窖的秸秆。

6.封顶

尽管青贮秸秆在装窖时进行了踩压，但经数天后仍会发生下沉，这主要是受重力影响和原料空隙减少引起的。因此，在青贮秸秆装满后，还需再继续装至秸秆高出窖的边沿 30～50cm，然后用整块塑料薄膜封盖，再在上面盖上 5～10cm 厚铡短的湿麦秸或稻草，最后用泥土压实，泥土厚度 30cm，封顶应为拱形，利于雨水流失。

(四)提高秸秆青贮质量的措施

1.控制原料水分

青贮原料的水分含量是决定青贮饲料质量的关键环节之一。实践证明，原料的水分含量在 60% 时青贮最为理想。如果原料含水量过低，装窖时不易踩紧，易致霉菌繁殖、使青贮饲料霉烂变质；如果原料含水量超过 70%，则会使青贮饲料产生异味、发臭发黏，而且酸度高，牛羊不喜欢吃，采食量减少。如发生这种情况，建议同时使用"双效霉杀清"和饲草改良剂"牛得草"，以增强食欲，降低危害，促进生长。

2.原料混贮

部分含糖低的原料和含糖高的原料进行混贮，有利于提高质量。使用微生物添加剂可使青贮料适口性好，饲草转化率高。

(五)开窖使用

秸秆青贮后一般经过 40～50d(最短 21d)封窖贮存才能开窖

取用。取用时应从一头开始垂直扒取,不可从一侧纵向取用,每次取料后要用塑料薄膜及时盖严实,防止淋雨,也防止第二次发酵或霉烂。

国内大型奶牛场、生猪育肥场普遍采用玉米秸秆青贮。1500kg青贮玉米秸秆相当于200kg玉米的营养价值。主要设备为青贮收获机、铡切机和青贮窖。青贮窖一般为水泥建造或土法制作,能满足现有饲养技术的要求,价格便宜,应用较广。

二、秸秆微贮技术

秸秆微贮是近年来科研人员在青贮的基础上开发的秸秆处理新技术。原理与青贮相似,此技术就是在农作物秸秆中加入微生物高效活性菌—GHEM(简称有益生物菌),更有利秸秆中的纤维素类物质转化为糖类、乳酸和挥发性脂肪酸,使秸秆变成带有酸、香、酒味的牛羊喜食的粗饲料。由于它是人工添加微生物进行发酵贮藏,故称微贮。

(一)秸秆微贮技术工艺路线

秸秆微贮技术工艺路线如图2-18所示。

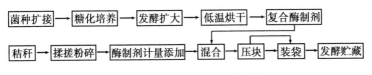

图2-18 秸秆微贮技术工艺路线图

(二)秸秆微贮的优点

(1)秸秆微贮成本低、效益高。

(2)营养价值高,适口性好,采食量高。

(3)饲料来源广。黄玉米秆、土豆秧、山芋秧、青玉米秆、无毒野草等来源广,无论是干秸秆还是青秸秆,都可作为微贮的原料。

(4)不受季节限制。

(5)保存时间长。

（三）秸秆微贮技术操作

（1）配制 10 倍的基础液。

（2）根据秸秆的干湿度加水稀释基础液。

（3）贮料水分控制与检查。微贮饲料的含水量是否合适，是决定微贮饲料好坏的重要条件之一。因此在喷洒和压实过程中，要随时检查秸秆的含水量是否合适，各处是否均匀一致，特别要注意层与层之间水分的衔接，不要出现夹干层。含水量的检查方法是抓取秸秆试样用双手扭拧，若有水往下滴，其含水量约为 80% 以上；若无水滴，松开后看到手上水分很明显，约为 60%；若手上有水分，为 50%～55%；感到手上潮湿，为 40%～45%；不潮湿则在 40% 以下。微贮饲料含水量要求在 60%～65% 最为理想。

三、秸秆氨化技术

秸秆氨化可提高秸秆饲料的营养价值。农作物的秸秆主要是由植物的细胞壁与内容物组成。植物细胞壁的基本成分是纤维素、半纤维素及木质素。这些物质与硅酸盐等以复合体的形式存在的，使得实际消化率一般只有 40%。而氨化处理的氨源具有碱性，它能对秸秆起碱化作用（即氨解反应），破坏木质素与多糖之间的酯键结合，使纤维素、半纤维素与木质素分离，将不溶的木质素变成较易溶的短基木质素，引起细胞壁膨胀，结构（细胞之间的镶嵌物质）变得疏松，使结晶纤维素变成无定形纤维素，进而使得秸秆易于消化。同时，氨源是一种非蛋白质氮化合物，是反刍家畜瘤胃微生物的营养源。氨还可中和秸秆中潜在的酸度，为瘤胃微生物活动创造良好的环境。瘤胃微生物能将碳、氮、氧、硫等元素合成更多的菌体蛋白质供动物吸收和利用。

一般来说，秸秆氨化的结果可使秸秆粗蛋白含量提高1～1.5倍；消化率提高 20% 左右。

常用的秸秆氨化处理方法有堆垛法、窖（池）氨化法、塑料袋氨化法和炉氨化法等。它们共同的技术要点是：将秸秆饲料切成2～3cm 长的小段（堆垛法除外），以密闭的一种专用秸秆氨化的聚乙烯氨化膜或氨化窖等为容器,以液氨、氨水、尿素、碳酸氢铵中的任何一种氮化合物为氮源,使用占风干秸秆饲料重 2%～3% 的氨,使秸秆的含水量达到 20%～30%,外界温度为 0～10℃ 时处理28～56d,外界温度为 10～20℃ 时处理 14～28d,在外界温度为20～30℃ 的条件下处理 7～14d,30℃ 以上时处理 5～7d,使秸秆饲料变软变香。这样秸秆中的营养成分在动物食用后能更好地吸收,处理后的秸秆中富含粗蛋白。下面对常用的窖(池)氨化法和炉氨化法作简单介绍。

(一)窖(池)氨化法

窖(池)氨化法是我国目前推广应用最为普遍的一种秸秆氨化方法。氨化窖(池)的建造可参照青贮,窖的形状以长方形并在中间砌一隔墙的双联池为好。双联池的优点是可轮换处理秸秆、可交替使用,也可用来青贮,而且还可多年使用。窖的大小要根据饲养家畜的种类和数量而定。经过各地测算,每立方米的窖可装切碎的风干秸秆(麦秆、稻草、玉米秆)150kg 左右。如用作青贮饲料,每立方米可储存 500kg 左右。

窖(池)氨化法操作方法如下。

1.预处理

第一步,先将秸秆切至 2cm 左右。粗硬的秸秆(如玉米秆)宜短,较柔软的秸秆可稍长;第二步,喷浇氨溶液,方法是每 100kg秸秆(干物质)喷洒用 5kg 尿素(或 10kg 碳酸氢铵)、对水 40～50kg 的水溶液,要分多次均匀地洒在秸秆上。尽可能做到在入窖前将秸秆摊开喷洒。

2.装窖踩实

边装窖边踩实,待装满踩实后用塑料薄膜覆盖密封,再用细土等压好。用尿素作氨源,要考虑尿素分解为氨的速度。它与环境温度、秸秆内生脲酶多少有关,温度越高,尿素分解为氨的速度越快。尿素分解快时,应在处理的秸秆中添加豆饼粉等脲酶含量丰富的物质,以促进其分解过程。但玉米秸的脲酶含量比其他秸秆含量高,可不补充脲酶。尿素氨化所需要时间大体与液氨氨化相同或稍长一些。窖(池)氨化法适宜在温暖的地区或季节采用。

(二)氨化炉氨化秸秆

氨化炉氨化是指利用氨化炉等设备,在 85℃ 以上的高温条件下,对秸秆氨化处理,达到饲用目的的一种处理方式。此方式适用于较大规模的牛羊养殖场。

氨化炉所用热源主要有电、蒸汽和煤 3 种。用电作热源时,需通过电热管进行加温,用控温仪进行温度自动控制,用时间继电器控制加温时间。该种氨化炉具有操作简单、省时省工、自动化程度高等优点;用蒸汽作热源,适用于有蒸汽锅炉的奶牛场等单位;以燃煤产气为热源的氨化炉则适用于煤源充足,劳动力便宜的地区。北京农业工程大学已经试制并运转了两种形式的氨化炉。

1. 土建式氨化炉

用砖砌墙,泡沫水泥板做顶盖,炉内水泥抹面,仅在一侧装有双扇木门的普通建筑物。墙厚 24cm,顶厚 20cm,木门上镶有岩棉毡,并包上铁皮。炉的内部尺寸为 3.0m×2.3m×2.3m,一次氨化秸秆量为 600kg。在左右侧壁的下部各安装了 4 根 1.2kW 的电热管,合计电功率为 9.6kW。后墙中央上、下各开有一风口,分别与墙外的管道和风机相连接。加温的同时,开启鼓风机,使炉内的氨浓度和温度分布得更均匀。亦可不用电热器加热,而将氨化炉建造成土烘房的样式,例如两炉一囱回转式烘房,用煤或木材燃烧加热。这种烘房在加热室的底部和四周墙壁均有烟道,加热效果很好。

2. 金属结构式氨化炉

这种氨化炉由运输部门淘汰下来的集装箱、发酵罐、铁罐等改装而成。改装时将内壁涂上耐腐蚀涂料,然后用 80mm 厚岩棉毡镶嵌起来,表层覆上塑料薄膜,外罩玻璃纤维布加以保护,以达到隔热保温的效果。在右侧壁的后部装上 8 根 1.5kW 的电热管,共计 12kW。在对着电热管的后壁开上、下风口,与壁外的风机和管道相连,在加热过程中,风机吹风使箱内的氨浓度和温度均匀。集装箱的内部尺寸为 6.0m×2.3m×2.3m,一次氨化量为1 200kg。

上述两种氨化炉的地板上均装有轨道,2～3 个草车可沿轨道推进推出。两种氨化炉均装有温度自动控制装置,而且均适宜用液氨作为氨源。我国液氨贮运设备已具有较为完备的系列产品,25m³、50m³、100m³ 贮罐,2.0t、3.0t、5.0t、7.5t 的氨槽汽车,50kg、200kg、400kg 装的钢制氨瓶均有生产。

液氨用针状管输入封盖好的秸秆中。针状管由直径 30～50mm、长 3.5m 的金属管制成。为了便于插入,针状管的一端焊有长 150mm 的锥形帽。从锥形帽的连接处开始,针状管每隔70～80mm 需钻 4 个直径 2～2.5mm 的滴孔。孔径不可过大,因为液氨通过较大的滴孔滴出时,可能至不及气化就从秸秆垛的底部流掉了。管子的另一端应焊上套管,套管上带有螺纹,可以用来连接通向液氨罐车上的软管。

将针状管从秸秆垛的一侧,在离地面 1～1.5m 高度的位置通过覆盖物上面留出的孔洞插入到秸秆垛的中间,向垛中输送液氨。如一垛秸秆在 10t 以上,应该选择 2～3 处将液氨输送到垛中。

液氨加入秸秆,亦可在地窖中进行。将装满并压实切碎秸秆的地窖用聚乙烯薄膜或其他不透气材料覆盖,然后利用针状管在地窖中每隔 5m 插入一根,插入深度应距离地窖底部 1m 左右,这样就可以把液氨输入到地窖的切碎秸秆中。

氨化秸秆的效果,可采用感官评定法、化学分析法和生物法进行评定。氨化良好的秸秆质地变软,颜色呈棕黄色或浅褐色,释放余氨后气味糊香。如果秸秆变为白色、灰色、发黑或结块,说明秸秆已经霉变。这通常是由于秸秆含水量过高、密封不严或开封后未及时晾晒所致。

四、秸秆的碱化处理

秸秆的碱化处理,就是在秸秆中加入一定比例的碱溶液(氢氧化钠、氢氧化钾、氢氧化钙），促使木质素与纤维素、半纤维素分离，使纤维素及半纤维素部分分解，细胞膨胀，结构放松，破坏木质素和纤维素之间的联系，提高秸秆中含氮物质和潜在碱度，从而提高秸秆的营养价值和饲用效果。所有农作物秸秆如稻秸、麦秸、玉米秸、各种豆秸都可以通过碱化处理用作饲料。

碱化处理的方法如下。

1. 湿法处理

湿法处理是用 1％的氢氧化钠溶液浸泡秸秆 24 小时后取出冲洗、晾干，即可喂饲家畜。秸秆消化率可从 40％提升到 70％。

2. 干法处理

干法处理是用 1.5％氢氧化钠溶液喷洒在秸秆上，随喷随拌，喷后再放置几天，不用水洗而直接饲喂家畜。在正常气温气压下，一般以每 1 000kg 秸秆喷施 1.5％氢氧化钠溶液 30L 为宜。经此方法处理的秸秆喂饲家畜后，采食量可提高 43％、干物质消化率可提高 16％。

3. 容器洒布法

此方法是通过碱液容器洒布处理装置将 1％～2％的氢氧化钠溶液拌和在秸秆碎段上。处理设备由处理容器、洒布管、碱液贮存器 3 部分组成。

我国已研制出 93JH400 型秸秆化学处理机，处理时将秸秆切成 3～10mm 的碎段，充填于处理器内；贮液器内有浓度为 1％～2％的氢氧化钠溶液，启动电机，溶液经液泵洒布于秸秆上。经一定时间即可获得 pH 值 7.9～10.3 的碱化秸秆。此方法的优点是设备简单，缺点是不能大批量连续生产。

4. 机械处理法

机械处理法是利用温度、压力、时间和机械的"掺擦"作用（或称"强力拌和"原理），将高浓度碱液掺擦于秸秆表面，加强碱化作用与效果，再经堆放反应而制得成品。

此外，还有将碱化溶液直接喷洒在切碎机内抛洒到秸秆碎段中，再经堆积反应而制得成品。此方法设备简单,但不易均匀;也有的将溶液喷洒到经粉碎的草粉中,经堆放和搅拌后成为碱化秸秆粉。

五、秸秆颗粒化技术

秸秆颗粒化技术是指将秸秆经粉碎揉搓之后,根据用途设计配方,与其他农副产品及饲料添加剂搭配,用颗粒机械制成颗粒饲料。

操作步骤与要点:

1. 粉碎

先用机械将秸秆切成 3～5cm 长,并粉碎至玉米粒大小的碎粒。将碎粒摊晾,散去热气、水分,分别装袋堆放于干燥处备用。

2. 掺拌中曲或发酵剂

以使用中曲发酵为例。根据各种秸秆粉的多少,分别用秤称取一定量的秸秆粉,堆放在干净的水泥地面上,使各种成分尽量均衡。以每 100kg 秸秆粉加 3～4kg 中曲粉的比例,用木锨反复翻拌,使之尽量混合均匀。若选用其他发酵剂,可采用其包装上标注的使用比例和秸秆粉配合,方法同上。

3. 掺水

取清洁自来水加温至烫手为止。以 100kg 拌和料加 85～100kg 温水的比例,逐渐将温水加入拌和料中,边加边拌,使之充分拌和,加水至用手将料握成团不散且不滴水为好。应特别注意,水分过少则发酵不透,过多则料中空气少,不利于菌种繁殖,并易引起不利的厌氧菌发酵,降低饲料的品质。

4. 发酵

发酵分 2 个阶段进行。对发酵容器规格无特定要求,一般为 3m(长)×2m(宽)×0.8m(高)的专用发酵水池,用大水缸或水池均可,其过程为:

(1)装料。中曲及发酵剂为好气菌种,发酵过程中应保证其有适量空气。因此,在离发酵容器底部 15～20cm 处应放置一个用木片或竹片做好的笆子,中间竖放一捆秸秆便于通气,然后再蓬松地装进拌和料。

(2)发酵的第一阶段。按要求装入混合料后,插入温度计,上部不要加盖东西或仅盖单层薄麻袋片,便于发酵料接触空气,促进有益微生物迅速繁殖。在发酵过程中会释放出大量热量,1～2d后,温度即可达到40～45℃。

(3)发酵第二阶段。当发酵温度达到40～45℃时,取出秸秆捆,将料向下压实。上部用塑料布封严,避免空气进入,即进入厌氧发酵阶段。此阶段霉菌生长受抑制,进行的是乳酸发酵。此阶段1～2d即可完成,若不急需使用,可在此状态下长期贮存。

(4)鉴别发酵质量。发酵完毕后,发酵碎料变得软熟,气味香、酸、甜。可根据发酵料颜色、气味判断发酵质量好坏。松散、柔湿、呈黄褐色或淡绿色,有一定果酒香味,稍带酸味为发酵质量好。若为深褐色或墨绿色,有一般臭霉味,发黏、结块则说明质量差,会使牛、羊中毒,不能使用。

5.综合配料

对于普通牛、羊,发酵料内的营养成分已可满足其需要,若用于架子牛或羊短期育肥,仅靠发酵料中营养成分尚不能满足需要,应在发酵后的料内适量加入玉米粉、豆粉、菜籽饼粉等精料,使之有足够营养,能在较短时间内达到育肥目的。也可以在饲喂过程中单独加精料。

6.造粒

完成上述步骤后,可将料放进造粒机挤压造成粒,成为颗粒饲料。颗粒饲料适口性好,并能在温水中浸泡2～3h不碎,因此,特别适合牛、羊反刍需要。颗粒的粒径,羊用的粒料以直径4～6mm,牛用的粒料以直径6～8mm为宜。颗粒大小取决于模具孔的大小,可根据需要选择模具,开动机器,将料加入进料斗,即可生产出颗粒饲料。造粒后要及时将颗粒晾干、装袋,放在阴凉、干燥处以备使用。

六、秸秆热喷技术

秸秆热喷技术是热力效应和机械效应相结合的物理处理方

法,可以使经热喷的粗饲料适口性改善,使牲畜的进食量增加,从而提高粗饲料的利用率。其工作原理是在水蒸气的高温高压下,使秸秆中 65％以上的木质素熔化,使纤维素分子链断裂、降解。当秸秆排入大气中时,造成突然卸压,产生的内摩擦力喷爆,进一步使纤维素细胞撕裂,细胞壁疏松,从而改变了秸秆中粗纤维的整体结构和分子链的构造。秸秆经过热喷处理后,质地柔软,气味芳香,营养价值和利用价值大大提高。目前,热喷技术成本较高,在生产实践中推广仍有难度,具体制作方法在这里不作详细介绍。

第五节　农作物秸秆原料化利用

秸秆原料化是秸秆资源化利用的一个新领域,其利用范围很广,可用于生产人造纤维板、轻质建材板、造纸等;生产可降解包装材料、制造活性炭、生产可降解餐具材料和纤维素薄膜、制取木糖(醇)、生产钢铁冶金行业金属液面的新型保温材料、制取膳食纤维、清洁油污地面、制成聚合阳离子交换树脂吸收重金属;生产用于花木运输过程中的草帘与草绳,或用于制作花木的盆托等。

一、用于编织和草毯生产

秸秆用于编织业最常见、用途最广的就是稻草编织草帘、草苫、草席、草垫、草编制品等,也用于生产环保草毯。草帘、草苫等可用于蔬菜工程的温室大棚中;草席、草垫既可保温防冻,又具有吸汗防湿的功效;而品种花色繁多的草编制品,如草帽、草提篮、草毡、壁挂及其他多种工艺品,由于工艺精巧,透气保暖性好,装饰性佳,深受消费者喜爱;而环保草毯则主要用于沙荒地、沟坡地、河流两岸和公路、铁路两侧及火力发电厂、煤矿、矿山等周边生态环境的植被保护和复绿建设。同时还可应用于果园、公园、城市小区、机场、足球场、高尔夫球场、屋顶花园等处的绿化和美化。

（一）环保草毯主要作用与功能

（1）防风固沙，遏制沙尘对环境的危害。

（2）防止水土流失，保护植被和土壤表层。

（3）抑制土壤水分蒸发，保持有效的土壤温度和湿度。

（4）吸附细沙尘土，增加土壤有机质和养分含量，为植物生长提供良好环境条件。

（5）迅速提高植被恢复能力，加快绿化速度、改善复绿水平。

（6）保护河道沿岸植被，防止堤岸坍塌侵蚀，同时对河道水质起到过滤器作用。

（二）环保草毯的加工方法与步骤

环保草毯生产特征是：以稻草、麦秆、玉米秆等各种植物纤维材料为主要原料，结合配置各类灌草植物种子，添加保水剂和营养基质，经过天然纤维预处理，再进行纤维混合、原料铺设、复合、裁剪、打捆等加工而成（图2-19）。

图2-19 草毯机械化生产设备

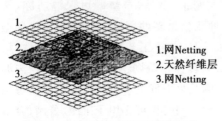

1.网Netting
2.天然纤维层
3.网Netting

图2-20 无草籽种环保草毯结构

第一步：天然纤维预处理。将各种植物纤维材料进行筛选，除去杂质。

第二步：纤维混合和原料铺设。将处理后的纤维材料，混合均匀并压制成层状。

第三步：复合。下网上面铺设木浆纸层，木浆纸层上面铺设种子层（无种子的草毯可以少纸层和种子层，如图2-20），种子层上面铺设纤维层，纤

维层上面辅设上网,五层
复合一体,如图 2-21。

第四步:剪裁与打捆。
将上述复合一体的草毯按
规格剪裁,并从上网加入保
水剂和营养剂,然后打捆
包装。

环保草毯全程生产工
艺流程见图 2-22。

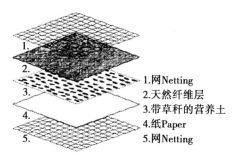

1. 网Netting
2. 天然纤维层
3. 带草秆的营养土
4. 纸Paper
5. 网Netting

图 2-21　有草籽种环保草毯结构

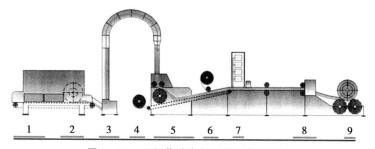

| 1 | 2 | 3 | 4 | 5 | 6 | 7 | 8 | 9 |

图 2-22　环保草毯全程生产工艺流程图

1. 秸秆原料输送　2. 开包/拆散　3. 重力筛选　4. 铺底网
5. 摊铺纤维(秸秆)　6. 铺上网　7. 绗缝　8. 计量/切断　9. 成卷

二、制造纤维板

(一)生产现状

纤维板又名密度板,是以木质纤维或其他植物素纤维为原料,
施加脲醛树脂或其他适用的胶粘剂制成的人造板。国内由于木材
资源不足,一直对纤维板生产发展起着制约作用。据统计,近年我
国每年生产人造板如按 6000 万 m^3 计算,约需木材 1 亿 m^3,而我
国木材资源远不能满足需要,如 2004 年全国木材市场消费总量
3.1 亿 m^3,其中,国产原木和其他木质林产品折合木材量 2 亿 m^3。
进口原木和其他木质林产品折合木材量 1.1 亿 m^3,2004 年全年
木材缺口 1.1 亿 m^3。专家估计 2015 年木材市场消费总量 3.3~

3.4 亿 m^3，木材缺口将达到 1.4 亿～1.5 亿 m^3。因此，开发秸秆生产纤维板显得十分重要。

我国早就有利用亚麻秆、甘蔗渣制造刨花板的生产线，也曾专门建厂生产玉米秆、棉秆刨花板。研究工作涉及面更广，对烟秆、油菜秆、葵花秆、葵花籽壳、花生壳、洋麻秆等等，都有人做过制造人造板的试验。我国拥有大量资源的麦秆、稻草、玉米秆、棉秆，在人造板中的应用，在大量试验研究的基础上，也都取得了可喜成果。国内现已建起异氰酸酯胶麦稻草刨花板厂 8 家，生产能力26.3 万 m^3。但由于黏合剂异氰酸酯胶价格高，以及制板生产工艺和设备还存在一些问题，目前纤维板商品量还不高。

（二）主要好处

（1）利用秸秆可以代替木材作为纤维板主要原料，缓解纤维板厂原料供应不足，为进一步发展纤维板生产提供充分的原料。

（2）使秸秆得到大量合理的利用，可以减少或不再焚烧，减少因焚烧而造成的大气污染，使秸秆成为有用之材。

（3）应用麦稻草制造纤维板可以用廉价的醛类胶，如脲醛胶、酚醛胶、三聚氰胺胶和它们的混合胶做胶黏剂。不必用价格昂贵的异氰酸脂类胶，降低纤维板制造成本。

（4）可节约大量造林土地。

（5）促进农村经济发展。每亩地按出产 600kg 秸秆、秸秆每吨价格按 200 元计算，每亩地农民可收入 120 元。如每年用 2000万 t 麦稻草，农村可有 40 亿元收入。

（6）扩大市场需求。提供稻麦草纤维板生产线，改造现有木材纤维板生产线。

（三）工艺流程

以麦秆、稻草为原料生产纤维板的工艺流程是：

原料洗除尘土→原料搓揉和切段→筛分（细料尺寸越小，硅含量越高）→预湿热处理（麦稻草原料进入蒸煮器，用高温饱和蒸汽进行蒸煮，增加原料含水率，提高原料温度和柔软性）→磨浆（在热和机械作用下,加工成纤维)→施胶(麦草中密度纤维板施胶量10.14%,稻草中密度纤维板施胶量要增加1%～2%→铺装成型(要尽量排除空气,保证板坯密度均匀)→预压→热压→成品加工(包括裁边、锯成规格板尺寸、砂光等)。

三、秸秆造纸

我国是造纸大国,也是纤维原料最丰富的国家。但造纸原料短缺,利用农作物秸秆造纸是解决原料短缺的一条很好途径,而且也是一项比较成熟的技术。传统的造纸工艺流程一般分成以下4个阶段:

①制浆段:原料选择→蒸煮分离纤维→洗涤→漂白→洗涤筛选→浓缩或抄成浆片→储存备用;

②抄纸段:散浆→除杂质→精浆→打浆→配制各种添加剂→纸料的混合→纸料的流送→头箱→网部→压榨部→干燥部→表面施胶→干燥→压光→卷取成纸;

③涂布段:涂布原纸→涂布机涂布→干燥→卷取→再卷→超级压光;

④加工段:复卷→裁切平板(或卷筒)→分选包装→入库结束。

但是,传统的制浆造纸,要产生废水(黑液),严重污染环境,因此我国已关闭了几千家污染环境的造纸企业。如何妥善处理制浆后的废水处理,开发农作物秸秆无污染造纸技术,是发展秸秆造纸业的一项关键技术。目前,我国依托秸秆清洁制浆等国际领先技术,以草浆替代阔叶木浆生产纸张,减少秸秆焚烧的 CO_2 排放,减少森林资源的采伐,保护生物多样性,增加对 CO_2 的吸收,以制浆废液生产木素有机肥,实现了秸秆综合利用、资源消耗最小化和废弃物资源化,开发了无毒无害的新材料制剂浸泡软化技术和秸秆机械法制浆技术,达到社会、经济、生态效益的有机结合。

(一)新材料制剂浸泡软化技术

新材料制剂浸泡软化技术,又称 DMC 清洁制浆技术。DMC 就是碳酸二甲酯(dimethyl carbonate,DMC),常温时是一种无色

图 2-23 稻草浆样

透明、略有气味、微甜的有机溶剂,利用 DMC 液体浸泡软化农作物秸秆(稻草、麦秆、棉秆、玉米秆等,见图 2-23、图 2-24、图 2-25)是一项无污染的造纸技术。如 2006 年山东省建造了一个设计年产 5 万 t 秸秆清洁制浆造纸的示范基地。该生产基地以国产的生产流水线完成了麦秆、稻草、甘蔗渣为原料的制浆造纸。生产出本色浆、漂白浆,生活卫生纸、擦手纸、书写纸、招贴纸等符合国家标准要求的相应纸浆、纸张。生产项目建成投产,既扩大造纸原料的来源,使农作物秸秆得到利用,同时也解决了草类原料制浆污染问题。

图 2-24 玉米秆浆样

图 2-25 棉秆浆样

1. 生产工艺特点

(1)不用碱,用无毒无害的新材料制剂在低温常压下将原料浸泡软化。

(2)不用蒸煮,不产生黑液,因此不需要复杂的废液回收处理装置。

（3）整个生产过程中水回用，净化处理后循环使用，无废水排放，可节约用水，降低能耗，实现清洁生产。

（4）设备国产化，投资省、建设周期短、生产成本低、操作简便。

2. DMC 清洁制浆技术

DMC 清洁制浆技术，是从增加植物原料的生物利用度入手，在纤维疏解、催化、磨浆、筛选洗、分阶段循环水处理等环节中运用生物化学等技术手段，从而使原料利用率得到最大化，得浆率高达 70%～90%。

DMC 清洁法制浆技术的技术原理：利用催化剂的超强渗透功能，使催化剂从纤维表面进入纤维壁及细胞腔内，同时通过备料—预浸催化（低温常压）—磨浆—筛选洗涤—本色浆或漂白浆的生产流程，对用水实施分段处理，保证生产水能够循环使用。过滤出的废弃杂质可作为上好的有机肥。

3. 污水处理技术

DMC 清洁制浆技术中的污水处理，摆脱了传统污水处理方法的复杂工艺，以全新的设计理念和独特的处理工艺，采用物理化学方法，絮凝净化废水循环使用，实现生产过程无污水排放，提高污水处理效率。

4. DMC 技术的效益分析

（1）在整个生产过程中实现了污水零排放（工厂没有排污水管道），没有废气和各种异味。

（2）是传统造纸用水的 1/20，即每吨纸浆生产用水 4t 左右（采用制浆循环用水，没有浪费外排）。

（3）用玉米、高粱、棉花、小麦、水稻、甘蔗等农作物的秸秆替代木材作造纸原料，不仅可保护林木资源，而且还将农业生产中的秸秆变废为宝，给农民创造了额外的财富。

（4）减少建设和生产成本（建设成本降低 60% 左右，生产成本降低 50% 左右）。

（5）提高草类纸浆品质（用这一技术生产的草浆可以替代木浆

生产高档纸张品种），白度可达到 65 度以上。

另外，利用棉秆也可造纸，其木质纤维含量约 60%，用于生产人造纤维、纤维胶合板等。100kg 棉秆可制 5cm 厚胶合板 15 平方米，1t 棉秆可生产牛皮纸 6 令，或包装纸 350kg，或富强纤维、黏胶纤维 250kg，可抵木材 0.3～0.4m³。河南省焦作市造纸厂用 80% 棉秆浆作底浆，配 20% 木浆挂面，用中性亚硫酸铵代替烧碱生产出牛皮箱板纸，挺度好，拉力强，节省木材。

（二）秸秆机械法制浆技术

秸秆机械法制浆技术是指用纯机械法把秸秆分解成为纤维和颗粒两大部分。纤维部分以秸秆机械浆形式出现，颗粒部分从循环用水中过滤出来。核心技术是不添加任何化学物质，制浆的过程就是处理木质素和剥离纤维的过程。

1. 秸秆机械法制浆的核心设备是秸秆分解机

农作物秸秆机械法制浆，从理论上说并无新意，因为木材机械制浆已是传统的成熟技术，TMP（热磨机械浆）、APMP（化学漂白机械浆）等系统正是这一理论的成功实践。问题是农作物秸秆木质素含量低，非纤维物质多，纤维素长度短；在形态上表现为秸秆疏松柔韧，单位质量小且缠绕性大。因此难以用传统的机械木浆制浆设备来处理农作物秸秆。

北京创源基业自动化控制技术研究所根据农作物秸秆的特性，参照国外非金属磨盘的工作原理，于 2004 年制造了 600 型秸秆分解机，于 2008 年在 600 型秸秆分解机基础上研制成功 700 型秸秆分解机（磨盘直径 700mm，产能 30T/d，生产效能高、稳定性强、具有完善的 PLC 控制系统），并正在开发研究 900 型分解机。这些机械既能有效地保持原有纤维长度，又能由其强大的撕裂搓磨能力，使被处理的秸秆次生壁紧密的外层被压溃、帚化或细纤维化。

秸秆分解机配置了不同材质的复合型盘磨。磨盘高速运转时会产生持久的高温（可以达到 120℃ 以上），创造木质素变软的条件。

2.机械制浆流水线配套合理、节能省电、生产高效

700型秸秆分解机是流水线的核心设备,它的工艺特性要求喂料充足、物料含水量低、输送均匀。如喂料不饱满、物料含水量过高不仅产能低,而且不能保证成浆质量;如喂料不均匀,会出现堵塞现象。秸秆纤维疏松单位质量小、缠绕性大、韧性强、沥水快,不仅在喂料时易堵塞,在出料口及全线输送过程中都容易出现阻塞、搭桥现象。

3.机械浆回用水处理采用恒压式絮凝自过滤塔

恒压式絮凝自过滤塔的工作原理是:废水经絮凝处理后沉降,在自身重力和塔内水压的共同作用下形成致密的絮凝物过滤层,水流自底部向上反向运动,塔内的过滤层可以起到过滤和吸附的作用,降低水样中的 COD_{cr} 和 SS,提高回用出水净化效果。废水在处理过程中添加沉淀剂和絮凝剂,加剂除传统的饮用水沉淀絮凝剂外,辅以一种可用于食品卫生的助滤剂。

四、生产可降解包装材料

包装材料是指用于制造包装容器、包装装潢、包装印刷、包装运输等满足产品包装要求所使用的材料,既包括金属、塑料、玻璃、陶瓷、纸、竹、野生蘑类、天然纤维、化学纤维、复合材料等主要包装材料,又包括涂料、黏合剂、捆扎带、装潢、印刷材料等辅助材料。这些包装材料大多属于非降解材料,特别是塑料包装袋,对环境会造成重大污染。因此开发以麦秆、稻草、玉米秆、苇秆、棉花秆为材料的降解塑料代替非降解塑料,具有十分重要的意义。

目前,我国也已有科研单位研究开发了秸秆降解膜技术,并且取得了一定的成果。例如,西安建筑科技大学应用麦秸秆、稻草等天然植物纤维素材料,配以安全无毒物质,开发出完全可以降解的缓冲包装材料。该产品体积小、质量轻、压缩强度高、有一定柔韧性,成本和泡沫塑料相当,低于纸和木材制品,在自然环境中一个月可以全部降解成有机肥。天津商学院王高升等人利用玉米芯为主要原料制备缓冲包装材料,通过选择合适的黏合剂,模压

成型工艺，能够得到性能良好的缓冲包装材料，以替代泡沫塑料，保护环境，节约矿物资源，增加农民收入，该材料具有广阔的发展前景。

南京林业大学通过反复试验，成功研制了以稻草为原料的秸秆包装垫枕，密度 $0.7g/cm^3$ 左右，各项性能指标符合使用要求。其原理为：将收割晒干后的稻草加工成一定长度的稻草束，添加专用胶黏剂后，铺装成板坯，预压后，热压成厚度为 80mm 的板块，再切割成 80mm 宽的垫枕条。为提高垫枕的静曲强度和弹性模量，可以铺装时在板坯中放置木条或竹条。为达到防霉、防腐和防潮的目的，拌胶时须加入防霉剂、防腐剂和防水剂。由于稻草堆积密度低，铺装后的板坯厚度很大，为缩短传热时间和提高生产效率，需要采用带喷蒸功能的热压机。这种用纯农作物秸秆制造的包装材料，在使用丢弃后可以较快地分解。

这些可降解的包装材料具有安全卫生、体小质轻、无毒、无臭、通气性好等特点，同时又有一定的柔韧性和强度，制造成本与发泡塑料相当，大大低于纸制品和木制品。在自然环境中，一个月左右即可全部降解成有机肥。

五、用作建筑装饰材料

将粉碎后的秸秆按一定比例加入黏合剂、阻燃剂和其他配料，进行机械搅拌、挤压成型、恒温固化，可制得高质量的轻质建材，如秸秆轻体板、轻型墙体隔板、黏土砖、蜂窝芯复合轻质板等，这些材料成本低、重量轻，且生产过程中无污染，因此广受用户欢迎。目前，秸秆在建材领域内的应用已相当广泛，秸秆消耗量大、产品附加值高，又能节约木材，很有发展前景。按胶凝剂分有水泥基、石膏基、氯氧镁基、树脂基等。按制品分有复合板、纤维板、定向板、模压板、空心板等。按用途分为阻燃型、耐水型、防腐型等。

六、用作提取药物原料

作者所在地区是浙江省枇杷主产区之一，每年有大量的废弃枇杷枝条，这些枝条也可变废为宝。据测定，枇杷枝条中黄酮含量很高,而黄酮类物质具有抗菌、抗病毒、抗过敏、抗衰老、抗肿瘤及降血脂等多种生物活性,并且还可作为一种天然的抗氧化剂,以其安全、高效地防止油脂及其制品氧化和酸败,保证含油食品的感官品质和营养价值,延长保存期而受到人们的关注。蔡建秀[1]曾对枇杷叶、枝条及果实总黄酮含量进行过比较及抗氧化分析,分析结果见表 2 - 10 所示,可以充分说明枇杷枝条有较高的黄酮含量,这些废弃的枝条,可以作为药材的原料,提取黄酮。

表 2 - 10　不同品种枇杷叶、果、茎总黄酮含量比较

（单位:%）

类别/品种	香钟 11	早钟 6 号	森尾早生	长红 3 号	蒲新本
枝叶	2.95	1.44	3.62	3.20	2.11
果实	1.34	2.05	4.93	0.95	0.49
枝条	3.65	5.00	5.38	4.26	4.00

从上表可看出,不论哪个品种,茎的总黄酮含量均相对较高,因此,可推断宁海白枇杷的枝条也同样如此,可以作为药用材料提取黄酮。至于枇杷叶,那是传统的中药材,是制取呼吸道多种必备药物的重要原料,自然更应当给予充分利用。

七、用作工业生产原料

玉米秆、豆荚皮、稻草、麦秆、谷类秕壳等经过加工所制取的淀粉,不仅能制作多种食品与糕点,还能酿醋酿酒、制作饴糖等。如玉米秆含有 12%～15% 的糖分,可将其加工成饴糖。

乙醇(俗称酒精)是一种重要的工业原料,广泛应用于化工、食品、饮料工业、军工、日用化工和医药卫生等领域,还能作为能源工

---

[1]　泉州师范学院.枇杷叶、枝条及果实总黄酮含量比较及抗氧化分析[D].泉州师范学院学报,2010 年 7 月

业的基础原料和燃料。当今世界面临着环境与发展的挑战,为避免交通给城市带来的污染,要求使用无铅汽油的呼声日益高涨。在国外,将乙醇进一步脱水再添加适量汽油后形成变性燃料,被视为替代和节约化石燃料的最佳途径,具有廉价、清洁、环保、安全等优点。作为一种生物能源,乙醇有望在未来取代日益减少的化石燃料(如石油和煤炭)。

在以纤维素类物质(生物质)产乙醇的过程中(图 2-26、表 2-11),一般首先利用纤维素酶或产纤维素酶的微生物将纤维素类水解成可发酵性糖,再利用酵母将其发酵成乙醇,也有少数菌种可以直接发酵纤维素产生乙醇。

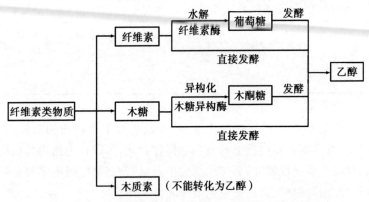

图 2-26　纤维素类物质经过生物发酵生成乙醇技术原理

表 2-11　部分物质的生物质成分含量

（单位:%）

物　　质	生物质成分含量		
	纤维素	半纤维素	木质素
农作物秸秆	38	32	17
硬　木	50	23	22
杂　草	45	30	15

纤维素发酵生成乙醇可分为直接发酵法、间接发酵法、混合菌种发酵法、同时糖化发酵法（SSF法）、非等温同时糖化发酵法（NSSF法）及固定化细胞发酵法基因重组技术等几种方法，各有特点。如直接发酵法，以纤维素为原料进行直接发酵，不需要进行酸解或酶解前处理过程，工艺简单，成本低廉，但乙醇生产率不高，而且易产生有机酸等副产物。利用混合菌直接发酵，可部分解决这些问题，但其产酶能力很低，而且产乙醇的能力亦很低，乙醇的平均含量为0.038%，最高含量也只有0.153%（陈伯锭等，1994）。间接发酵法即糖化、发酵二段发酵法，是目前研究最多的一种方法。第一步先进行纤维素酶水解纤维素，生成葡萄糖；第二步则将葡萄糖作为发酵碳源，进一步发酵成乙醇。

在许多发达国家，粮食是发酵法生产乙醇的主要原料。如美国现有2.4×10^6 t/年发酵法的发酵生产能力，大部分以粮食为原料，仅有约90×10^3 t/年的生产能力是以非粮食原料生产的，而在乙醇生产的成本中，大约有2/3是原料成本。近年来，为达到降低乙醇生产成本，提高市场竞争力的目的，世界各国乙醇行业围绕改变生产原料、提高原料利用率、降低能耗等方面对发酵法生产乙醇技术进行了研究和改进，取得了一定进展。例如美国BCI公司开发出基因遗传工程菌KO11，建立了发酵生物质生产乙醇的新工艺。该工艺以制糖厂产生的蔗渣及谷壳为发酵原料，先用酶及酸性溶液将原料分解成糖类或半纤维素，然后用基因遗传工程菌KO11，使多种糖类转化为乙醇。国内很多学者也进行大量研究，如吕伟民等的实验研究表明，玉米秆经稀硫酸处理，半纤维素水解成木糖、阿拉伯糖、葡萄糖等混合糖液后，其剩余纤维素可在纤维素酶作用下转化成葡萄糖，同时加入产朊假丝酵母和酒精酵母可将水解混合糖液发酵成乙醇。工艺流程为玉米秸秆→粗切碎→稀硫酸前处理→加碱中和→细碎剩余固体→同步水解发酵→蒸馏95%乙醇→脱水→无水乙醇。

第六节 农作物秸秆基料化利用

当前,农作物秸秆基料化利用主要途径是培养食用菌。

食用菌产业作为种植业和养殖业之后的第三大农业产业,是农民增收致富的重要途径之一。我国目前人工栽培的食用菌有60多种,且每种食用菌都有适应其不同栽培基质的菌株。农作物秸秆含有丰富的纤维素和木质素等有机物,是栽培食用菌的好基料,利用秸秆作为基料栽培食用菌,大大增加了食用菌生产原料的来源。传统的食用菌栽培多用木屑与棉籽皮,但多受资源因素制约,现在食用菌栽培中大多以稻草等秸秆作为栽培料的碳源,各类生产技术也已较为成熟。

秸秆作为培养料在使用前必须根据其性状做适当处理。如稻草草茎外表有蜡质层不利于菌丝分解,一般应采用人工切段法、机械粉碎法、堆积发酵法等进行处理。麦草草茎硬,蜡质层更厚,一般应采用饲料粉碎机粉碎,但应换上筛孔直径为 1cm 左右的特制铁筛,粉碎成短丝片状。玉米芯应采用机械或人工粉碎成花生米大小。

培养料配制时掌握的原则是:①基质颗粒偏大或偏干,水分应多,反之应少;②晴天水分蒸发量大,水分应略高些;阴天则应偏低;③拌料场地吸水性强,水分应调高,反之应调低。此外,料拌好后,必须堆成一堆,让水分充分渗入原料中。

秸秆栽培食用菌的工艺流程一般为:秸秆材料处理→菌种准备→配置培养基→对培养基质(秸秆粉)和培养基采用热力灭毒杀菌、拌药消毒→接种→培养。

一、原料准备

培养料可选用多种农作物秸秆(如小麦秆、大豆秆、玉米秆等),应新鲜无霉变,并在阳光下充分晒干、粉碎。应用不添加辅料的栽培方法时,用于种菇的新鲜秸秆细胞还有生命力,菌丝就很难分解其纤维素和木质素。秸秆要进行浸泡发酵处理,一般发酵5~7d,发现秸秆长满雪花状物质时即可利用栽培。

二、辅料添加

在培养料中所占比例较小,对整个培养料的营养起着重要调节与平衡作用。常用的辅料有麦麸(麸皮)、玉米粉、米糠等。麸皮与米糠的添加量一般为 $5\%\sim15\%$,玉米粉添加量应为 $2\%\sim5\%$,均是越新鲜越好。高温季节可少加些,低温季节可多加些。石灰主要作用是调节酸碱度,通常用生石膏,添加量为 $1\%\sim3\%$。

三、场地

栽培食用菌场地包括:原料储备场地、拌料与装袋场地、灭菌场地、接种场地、发菌场地。场地要地势较高,便于排水和通风;四周环境清洁,远离垃圾场或污染较重企业。对于一个规模化食用菌场,场地要合理布局、操作方便,减少搬运装卸和菌袋破损,提高工作效率和菌棒的成品率。

四、拌料

1. 配方

在制定培养料配方时应注意以下两个问题:一是针对每种菇对营养的需求特点,合理搭配碳素营养和氮素营养,做到营养平衡;二是对于通气性较差的原料,可适当添加透气性较好的原料。在拌料时料水比一定要合理,含水量一般在 65% 左右,即用手捏料有水滴渗出,但不形成水流即可。

2. 拌料

拌料前先将拌料场地打扫干净。拌料时按配方比例,先将主料摊铺在场地上,后将辅料先按配方比例混合均匀,再将混匀后的辅料撒入主料上,并用木锨混合均匀,最后按料水比加水。加水后再用铁锨上下翻匀,然后用拌料机将料搅拌两次即可。拌好的料水分大小是否合适,可用手抓料时发现手指间有溢水出现,其料水比属正常范围。

五、装袋

1. 装袋时间

料拌匀后可马上装袋。特别是夏天高温季节,培养料很容易酸败,使 pH 值下降到 6.5 以下。

2. 料袋选择

选用 17cm×35cm×0.04cm 的低压高密度聚乙烯,这种塑料袋韧性较好,袋子不易破损,污染率低。

3. 装袋

装袋时注意袋内料的松紧度要适中,装得太紧影响透气性,发菌慢,装得太松易污染杂菌。

六、灭菌与接种

1. 灭菌

灭菌是将料袋内的一切生物利用热能杀灭的过程。可利用小锅炉(蒸气发生器)进行菌棒的常压灭菌,这种灭菌方法可节省燃料,操作方便,冷却也快。

2. 接种

菌种应选高产、抗逆、广温型菌种。能否做到无菌操作是接种成败的关键,也是菌棒能否感染菌的关键。接种方法可分为接种室、接种箱和接种帐接种。

七、发菌

是指菌棒接种后菌丝长满整个过程。发菌不管是在室内还是塑料大棚,最重要的是:干净、干燥、通风、适温。

1. 发菌场所

室内发菌,应打扫干净,冲洗后要通风晒干。塑料大棚作为发菌场所,关键是要通风干燥。

2. 搬运

接种完毕后,将接好种的菌棒及时运到发菌室或发菌大棚。

3. 菌棒摆放

在夏季高温发菌,菌棒要单排摆放,每排可放 3～5 层。井字摆放有利菌棒散热及避免烧菌。冬季生产菌棒时,菌棒发菌有两种情况:一是发好的菌棒就地直接出菇,这种情况可将菌棒按一定行距摆放(每排间距 70～80cm),每排可摆放菌棒 5～8 层;二是发好的菌棒发满后,再将菌棒移至出菇场所出菇,每排可摆放 5～6 层。

4.菌棒的发菌管理

发菌温度要控制在 20～25℃,冬季可采取暖气或阳光增温,夏季主要管理措施是降温,降温的方法是在早晨和晚上进行通风。整个发菌过程决不能喷水,湿度越低越好。发菌过程不需要光线,特别是不能有直射阳光。在发菌过程中还要控制菌棒感染杂菌,菌棒发菌需要新鲜空气,发菌场所要结合温度情况进行通风换气。

八、出菇管理

当菌丝吃透料层,秸秆由黄色变为黄白色或白色时,就快出菇了。这时要根据湿度、温度、食用菌长势和质量要求等因素,采取喷水、通风、覆土等管理措施。头批菇采收后,消除表面的杂物和死菇,用湿润新土将采后留下的空穴补平,并适当补充养分。

利用秸秆栽培食用菌,又因食用菌品种、原料、栽培设施、地理气候条件等因素不同,栽培方法各不相同,再加上原料组合不一,产品价格不一,在实际生产中,基于以上的基本流程,各地因地制宜可形成多种多样的栽培模式。

第三章　畜禽粪污资源化处理与利用

第一节　畜禽养殖业发展历史与现状

一、畜禽养殖业的发展历史

我国畜禽养殖业历史悠久,至少在 7 000 余年前,不少重要动物已有驯化。秦汉魏三朝畜牧业的管理组织制度趋向完善,畜牧生产在国家经济和人民生活中的地位也日益提高;隋唐时期对官办畜牧业的组织管理又有加强;唐代对畜群增殖与保护制订了法律,作为奖惩的准则;宋代以后都借马政组织系统发展畜牧业,各种家畜、牧群遍于草原,成为构成国力的主要资源。明代盛世也重视畜牧业经营,有规模很大的专业种畜场。清朝近 300 年间,东北地区和内蒙古东部畜牧业仍受重视,国有和皇室牧场被安置在塞外草原,巨大牧群交由蒙古族管理,而明末遗存的内地牧场则被废止。其结果是在辽阔的疆域内,逐渐形成牧区和农区两种不同的畜牧业形态:牧区以牧养草食家畜为主,农区则在小农经济条件下听其自流发展,实际上是更多地注意了耕畜、猪和家禽,畜禽饲养成为农区的副业。

1840 年以后,中国的优良家畜品种和毛皮工艺产品引起了外国的重视,一些猪、鸡的良种被介绍到海外。到 20 世纪 30 年代,以禽蛋、羊毛和猪鬃为主的畜产品对外贸易,在出口总额中跃居首位,超过了传统出口的丝、茶等产品。由于帝国主义的侵略以及国内频繁战争,大量畜产品的输出并没有促进中国畜牧业的发展,相反有些原料在国外精制加工后,又以高价商品输入而使国民经济蒙受损失,给我国畜牧业的发展制造了重重困难,但由于畜牧科技工作者的辛勤努力,我国畜禽业依旧在逆境中得到发展,建立了科技机构,进行了科学研究,如畜禽饲养、种畜改良等,为我国现代畜牧科技的发展奠定一定基础,作出了贡献。

新中国成立以来,我国畜牧业生产经历了恢复和发展期、曲折和缓慢发展期、改革起步期、全面快速发展期、结构调整期、发展方式转变期等阶段。畜牧业从家庭副业成长为农业农村经济的支柱产业、畜产品供应从严重匮乏到供应充足,这为改善我国居民的膳食结构和营养水平、增加农民收入、促进农村劳动力就业和保障国家食品安全做出了巨大的贡献。

目前,全国从事畜牧业生产的劳动力有 1 亿多人,畜牧业收入已占农民种植业收入的 40% 以上,是农村经济的支柱产业,也是农民经济收入的主要来源之一。

二、我国畜禽养殖业的现状

目前,我国畜禽养殖业正处于由传统向现代化推进的阶段,它具有 6 个基本特征:

1. 以分散饲养为主方式向规模化养殖为主方向转化

20 世纪 80 年代中期以前,传统分散饲养在畜牧业中居于主导地位,5~10 头猪和 30~50 只鸡就算专业户了。90 年代中期以后情况有很大转变,至 2014 年年底,中国生猪年出栏量从 1985 年的 2.38 亿头增长到 7.35 亿头,增速达 300% 以上,平均每 10 年翻一番。初步形成了饲料、兽药、畜禽养殖和畜产品加工协调发展的现代畜牧业经济结构。畜牧业规模化、专业化步伐明显加快。

2. 科技贡献率明显提高,科学技术的进步已成为畜牧业经济增长主要支撑

猪出栏率由 20 世纪 80 年代初的 62% 增长到 2013 年的 151%;牛、羊的出栏率分别由 20 世纪 80 年代初的 4.7% 和 23% 增长至 2011 年的 45.1% 和 94.4%;生猪出栏体重已由 20 世纪 50 年代的 45~50kg,增长至 2014 年的 105kg 以上;蛋鸡年产蛋量由不到 100 枚增加到目前的 300 枚左右,提高 2 倍以上;良种覆盖率

由 1980 年的 40％～60％提高到目前的 95％以上。畜牧业科技进步贡献率在"十一五期间"已达到 55％。

3.畜禽产品需求快速增长,消费质量不断提高

1985～2011 年间,城镇居民猪肉、牛羊肉、禽肉、鲜蛋和水产品年人均消费量分别增加了 3.95kg、1.91kg、7.35kg、3.28kg 和 7.54kg,年均增速分别为 0.8％、2.6％、4.7％、1.5％、2.8％;而同期,农村居民猪肉、牛羊肉、禽肉、鲜蛋和水产品年人均消费量分别增加了 4.10kg、1.25kg、3.51kg、3.35kg 和 3.72kg,年均增速分别为 1.3％、4.2％、5.9％、3.8％、4.7％。城乡居民的食物消费结构在向价值高、营养丰富的方向调整,居民膳食结构更趋合理,消费质量不断提高。

4.生产区域向优势产区集中

畜牧业生产已向优势产区集中,区域化生产格局逐步形成。生猪生产从 20 世纪 90 年代中期以来,逐渐向粮产区集中;肉牛生产则由西部向东北、中原区域转移,河南省是我国第一大肉牛生产省份;肉羊生产由西部向华北转移,内蒙古和新疆成为我国羊肉主要生产省(区);禽肉生产主要集中在东部省份;鸡蛋生产以山东、河北、河南等省为主;水禽生产则以南方省份为主;奶类生产的优势区域主要集中在东北与华北,以及上海等大中城市郊区。

5.产业重组速度加快

据统计,2013 年各类产业化组织总数达到 33.41 万个。农业产业化经营程度发展最快最高的是畜牧产业,至 2014 年,全国生猪、蛋鸡、奶牛规模养殖比重分别达到 42％、69％、45％,奶牛业已经成为畜牧业发展最快的产业,乳品加工业成为食品加工发展最快的行业。大量国际和民间资本被吸引,大规模现代化龙头企业已成为我国畜牧业发展的火车头。

6.产业地位变化,成为农业和农村经济的支柱产业和农民增收的主要来源

据统计,2014 年我国畜牧业产值已超过 2.9 万亿元人民币,

直接从事畜禽养殖的收入占家庭农业经营现金收入的 1/6。畜牧业成为粮食主产区转化增值的重要途径和农民增收的主要来源；同时还带动畜产品加工、饲料、兽药等相关产业发展；预计到 2020年，畜牧业比重将达到 45％，今后还有上升趋势。

另外，随着畜禽产业的发展良种繁育、动物疫病防控、饲草饲料生产等体系也将进一步完善，规模化、标准化、产业化程度将进一步提高。

第二节　畜禽粪污排放的危害与治理

一、畜禽粪污的排放现状

随着畜牧业的快速发展，我国畜禽粪污的排放量，正在逐年增加，据统计：1995 年全国畜禽粪污排放量超过 17.3 亿 t，而当年我国各工业行业产生的工业固体废物为 6.34 亿 t，畜禽粪污达到工业固体废弃物的 2.7 倍，其 COD（化学耗氧量）和 BOD（生物耗氧量）的含量分别达 6 400 万 t 和 5 400 万 t，远远超过工业的排放量；1999 年全国的畜禽粪污总数达到 19 亿 t，是工业固体废弃物的 2.4 倍，其中规模化养殖场产生的畜禽粪污相当于工业废弃物的 30％，畜禽粪污 COD 的排放量达到 7 118 万 t；2010 年全国畜禽粪便、尿液产生量约 40×10^8 t，畜牧业的 COD_{cr} 排放为 $1\ 184 \times 10^4$ t，占农业排放总量的 90％以上，占全国 COD_{cr} 排放总量的 45％；总氮排放 65×10^4 t，占农业排放总量的 79％、全国总氮排放量的 25％；总磷排放 16×10^4 t，占农业排放总量的 56.3％、全国总磷排放量的 37.9％，超过了工业与生活废水排放量之和。

然而，据调查，我国规模化养殖场内部环境管理普遍比较粗放，大多规模化牧场未经环境影响评价，60％的养殖场缺乏干湿分离，且环境治理的投资力度明显不足。80％左右的规模化牧场缺少必要的污染治理投资，以对畜禽养殖场粪水污染处理力度较大的北京市和上海市为例，两市采用工程措施处理的粪水只占各自排放量的 3％和 4％左右。绝大多数规模化牧场在建设时没有相配套的可消纳畜禽粪污的农田,客观上形成了农牧脱节现象。

地处长江三角洲地区的上海、苏锡、常州、杭州、嘉兴、湖州、宁波、绍兴等城市,畜禽饲养呈规模化集中饲养与分散小规模家庭饲养并存的局面。生猪以大中型牧场饲养为主,占总饲养量的 90％以上;而家禽以分散小规模家庭饲养为主,大中型牧场饲养仅占 10％左右,且大中型牧场平均饲养规模也偏小。畜禽粪便废弃物缺乏妥善处理,必将破坏生态平衡,必然会影响畜禽的生产安全和人们的食品安全,恶化人类生存环境。据统计,目前,就全国来说,畜禽粪污无害化处理量不足总排放量的 30％,大量未经处理的粪污对地下水、土壤和大气环境造成较大危害,成为江河、湖泊富营养化的主要原因之一,治理畜禽粪污排放对环境的污染已刻不容缓。

二、畜禽粪污的排放危害

(一)畜禽粪污的基本成分

1. 畜粪

畜粪是饲料经家畜消化器官消化后,没有被吸收利用而排出体外的物质。成分非常复杂,主要有纤维素、半纤维素、木质素、蛋白质、氨基酸、有机酸、酶和各种无机盐类。畜粪中有机质较多,为 15％～30％,羊粪中氮磷钾含量最高,猪次之,牛最差。以排泄量论,牛最多,猪次之,羊最少。

(1)猪粪。由于饲料的多样化,猪粪中养分含量常不一致,氮素含量比牛粪高 1 倍,磷钾含量也高于牛粪和马粪,钙、镁含量低于其他粪肥,阳离子交换量 468～494meq/100g 土,猪粪 C/N 比值较低,且含有大量的氨化细菌,较易腐熟,施用猪粪能增加土壤的保水性,对于抗旱保墒有一定的作用。猪粪适用于各种土壤和作物,尤其施于排水良好的土壤为好。

(2)牛粪。牛是反刍动物,饲料经胃中反复消化粪质细密,牛饮水多,粪中含水量较高,通气性差,分解腐熟缓慢,发酵温度低,故称冷性肥料,C/N 比值较大,为 21.5∶1,阳离子交换量 402～423meq/100g 土。牛粪改良沙质土壤效果良好。

(3)羊粪。羊也是反刍动物,羊饮水少,肥质细密干燥,肥分浓厚,羊粪也是热性肥料。阳离子交换量 438～441meq/100g 土,羊粪对各种土壤均可施用。

2.畜尿

家畜尿液是饲料中的营养成分被家畜消化吸收,进入血液,经过新陈代谢后以液体排出体外的部分。畜尿的成分都是水溶性物质,主要有尿素、尿酸以及钾、钠、钙、镁等无机盐类,尿素含量则比人尿少。

家畜尿液成分比较复杂,分解缓慢,必须经过腐解,转变为碳酸铵后,才能被土壤吸附或被作物吸收利用。家畜消化能力强,牧草中有机质经消化后,矿物质以碳酸钾或有机酸钾排出体外,而碳酸钾及有机酸钾是弱酸强碱盐类,故一般呈碱性反应。

3.家禽粪尿

鸡、鸭、鹅类家禽,由于其饲料组成远较牲畜猪的养分为高,因此,其排泄物富含氮、磷、钾养分也就相应高些。

我国家禽多达 30 亿只,总排泄量年产可达 1 500 万 t 以上,按总养分 3% 计,相当于年产氮磷钾养分为 45 万 t,折合标准化肥可达到 225 万 t,这是一项可观的肥源。实践证明,凡是施用家禽粪的农产品的品质均优于一般有机肥。

(二)畜禽粪污的主要表现

现代畜禽养殖业的粪污特点具有两面性,虽污染成分复杂、危害程度较重、治理难度较大,但随着养殖的规模化,粪污排放集中、点源污染明显、治理相对容易。畜禽粪污属面源污染,粪污经简单处理后可成为优质有机肥料,是宝贵资源,具备较大的利用价值,如何减轻污染、变"废"为宝,显得十分重要。

畜禽养殖污染主要集中在水体污染、大气污染、土壤污染等几个方面。

1. 水体污染

畜禽养殖场污水属于高浓度有机废水,含有大量的 N、P 等营养物质,一方面通过地表径流污染地表水,导致水体富营养化;另一方面通过土壤渗入地下污染地下水,使水中 NO_2^-、NO_3^- 浓度升高,人若长期或大量饮用,可能会诱发癌症。此外,粪便中的病原微生物也是养殖场污水的主要污染源之一。

与水体污染有关的主要是 BOD_5、COD_{cr}、SS、大肠杆菌、蛔虫卵、氮和磷等。畜禽养殖场的污水中含有大量的污染物质,其污水的生化指标极高,如猪粪尿混合排出物的 COD_{cr} 值达 81 000mg/L,牛粪尿混合排出物的 COD_{cr} 值达 36 000mg/L,笼养蛋鸡场冲洗废水的 COD_{cr} 为 43 000~77 000mg/L,BOD_5 为 17 000~32 000mg/L,NH_3-N 浓度为 2 500~4 000mg/L。据环保部门对大型养殖场排出粪水的检测结果,COD_{cr} 超标 50~70 倍,BOD_5 超标 70~80 倍,SS 超标 12~20 倍。按照目前我国规模化养殖场对环境污染的管理状况和正常水冲粪的流失率计算(表 3-1),一个万头猪场每年有 40.7t 和 30.3t 的 COD_{cr} 和 BOD_5 流失到水体中,相当于具有一定规模的工业企业的污染物排放量,3 万羽鸡场的粪便产生量每年为 750t,百头奶牛场粪便年排放量为 1 100t,如果管理不善,有 25% 的畜禽粪便流失到水体中,则每年流失到水体中的 COD_{cr} 和 BOD_5 分别为 8.7t 和 6.2t。

高浓度畜禽有机污水排入江河湖泊中,造成水质不断恶化,畜禽污水中的高浓度 N、P 是造成水体富营养化的重要原因;畜禽污水排入鱼塘及河流中,会使对有机物污染敏感的水生生物逐渐死亡,严重威胁水产业的发展。据统计,在 1995 年,浙江省畜禽污染物进入水体排放量 COD_{cr} 量为 84.9 万 t、BOD_5 量为 71.7 万 t、总磷量为 5.8 万 t、总氮量为 20.1 万 t、粪便负荷达到 1.70(t/km² 土地),问题十分严重。

表 3 - 1　畜禽粪便污染物进入水体流失率

（单位：%）

项　　　目	牛　粪	猪　粪	羊　粪	家畜粪	牛猪尿
COD_{cr}	6.16	5.58	5.50	8.59	50
BOD_5	4.87	6.14	6.70	6.78	50
$NH_3 - H$	2.22	3.04	4.10	4.15	50
TP	5.50	5.25	5.20	8.42	50
TN	5.68	5.34	5.30	8.47	50

　　畜禽粪便污染物不仅污染地表水,其有毒、有害成分还易渗入到地下水中,严重污染地下水。它可使地下水溶解氧含量减少,水质中有毒成分增多,严重时使水体发黑、变臭、失去使用价值。畜禽粪便一旦污染了地下水,极难治理恢复,将造成较持久性的污染。

　　2.空气污染

　　畜禽集约化饲养密度较高。栏舍潮湿,畜禽粪便散发的臭气含有臭味化合物 168 种,其中含量最多的有硫化氢、甲基硫醇、二甲硫、二硫化甲基、三甲胺、氨气、甲烷、二氧化碳等。这些有害气体散布到空气中,使空气污浊度升高,降低了空气质量,严重时可对人的眼睛、皮肤等器官产生不良影响或引发呼吸系统疾病,其中甲烷、二氧化碳是重要的温室气体,对气候变化影响不容忽视,且粪便中所含的氨挥发到大气中,成为酸雨形成的影响因素之一。

　　畜禽养殖中大气污染源主要是二氧化碳、甲烷、氨气、硫化氢等气体,它们主要来源于畜禽饲料中氨的转换及畜禽粪尿在微生物作用下的降解。畜禽养殖产生的废气二氧化碳、甲烷能加重温室效应,NH_3、H_2S 可引起环境酸化,并且空气中的病原微生物严重影响了动物和居民的健康。畜禽养殖业中大量添加剂(其中富含 Cu、Zn、Fe、As 等元素)的使用,导致畜禽粪便中重金属元素含量较高。畜禽粪便中的重金属和微量元素在土壤中累积,影响到土壤中各有机物代谢,破坏土壤平衡,从而严重影响了农作物生长及农产品安全,进而危害人类健康。目前,畜禽废弃物已成为土壤重金属污染的一个重要来源。

按照国家规定,核算污染的指标为化学需氧量和氨氮的排放。据全国环境统计公报(2012 年)数据显示,2012 年,中国化学需氧量排放总量为 2 423.7 万 t。其中,农业源化学需氧量排放量 1 153.8 万 t,占化学需氧量排放总量的 47.6%,是工业化学需氧量排放量的 3.4 倍。氨氮排放总量 253.6 万 t。其中,农业源氨氮排放量 80.6 万 t,占氨氮排放总量的 31.8%,是工业氨氮排放量的 3.1 倍。而畜禽养殖业污染又占农业源污染的 95%以上。因此,畜禽养殖业已成为排污之首,排放量超过了城镇生活与工业的污染物排放量之和。

3. 土壤污染

畜禽粪便中含有大量的氮和磷,它们进入土壤后,会转化为硝酸盐和磷酸盐,过高的含量会使土地失去生产价值。排出的磷一部分被吸附于土壤表面,与土壤中的钙、铜、铝等元素结合成不溶性复合物,造成土壤板结。畜禽粪便中含有大量的钠盐和钾盐,如果直接用于农田,过量的钠和钾便会与土壤发生反聚作用,导致某些土壤的微孔减少,使土壤的通透性降低,破坏土壤结构。

4. 农作物受危害

高浓度的污水用于灌溉,会使作物徒长、倒伏、晚熟或不熟,造成减产,甚至毒害作物,出现大面积腐烂。据调查,一些规模化畜禽养殖场的"肥水"造成周围农作物危害,农民要求赔偿的现象经常发生。此外,高浓度污水可导致土壤孔隙堵塞,造成土壤透气、透水性下降,严重影响土壤质量。

据调查与测试,当土壤中有效态铜和锌分别达到 100~200 mg/kg 和 100mg/kg 时,即可造成植株中毒。以一个 10 万只肉鸡场为例,若连续使用有机砷生长剂,15 年后周围土壤中的砷含量就会增加 1 倍,那时当地所产的大多数农产品的砷含量都将超过国家标准而无法食用。按 FDA(Food and Drug Administration,美国食品及药物管理局)规定允许使用的砷制剂的用量计算,一个万头猪场5~8年就可能排出 1t 以上的砷,土壤中的砷含量每升高 1mg/kg,则甘薯块中的砷含量会上升 0.28mg/kg;当土壤中砷酸钠加入量为 40mg/kg 时,水稻减产 50%,达到 160mg/kg 时水稻不能生长,当灌溉水中含砷量达 2040mg/kg 时水稻颗粒无收。

针对畜禽粪污对环境造成的严重影响,原国家环保总局南京环境科学研究所曾在太湖地区对各种类型畜禽粪便中的 COD_{cr}、BOD_5、NH_3-N、总氮及总磷的含量进行了测定,结果如表 3-2 所述。

表 3-2　畜禽粪便中污染物平均含量

（单位:kg/t）

		COD_{cr}	BOD_5	NH_3-N	TP	TN
牛	粪	31.0	24.53	1.71	1.18	4.37
	尿	6.0	4.0	3.47	0.40	8.0
猪	粪	52.0	57.03	3.08	3.41	5.88
	尿	9.0	5.0	1.43	0.52	3.3
羊	粪	4.63	4.10	0.80	2.60	7.5
	尿	未计	未计	未计	1.96	14.0
鸡	粪	45.0	47.87	4.78	5.37	9.84
鸭	粪	46.3	30.0	0.80	6.20	11.0

5.严重损害人类健康

病原菌和寄生虫大量繁殖,会造成人、畜传染病的蔓延,尤其是出现人畜共患病时会发生疫情,给人畜带来灾难。目前,已知的全世纪"人畜共患疾病"有 250 多种,我国有 120 多种。"人畜共患疾病"是指由共同病原体引起的人类与脊椎动物之间相互传染的疾病,其传染渠道主要是患病动物的粪尿、分泌物、污染的废水、饲料等。畜禽粪尿及废水中的有害微生物、致病菌及寄生虫卵首先对养殖场的畜禽产生危害,导致育雏死亡率和育成死亡率升高,给国民经济造成严重损失,给人类健康甚至生命造成威胁。

环境污染危害程度与被污染区域内生物量、生物密度呈正相关。被污染区域内生物量越大、生物密度越高,环境污染所产生的威胁性和危害性越大,危害程度越高。因此,养殖业污染对人口比较密集的城市和地区的威胁要比人口相对稀少的地区严重得多。我国人口众多,规模化养殖场又都集中于大中城市的近郊,养殖业造成的污染事故一旦发生,其危害将相当严重。

目前,国内经济相对发达的许多城市、城镇周边都在划定禁养区。畜禽养殖场必须采取无害化处理,粪污达标排放,一些规模化牧场建有污水处理工程,部分粪便污水采用厌氧发酵制作沼气或微生物好氧发酵技术制作有机肥等。但是,仍有一部分养殖场未能对畜禽粪污进行有效的处理和利用,成为农业面源污染的主要来源。

三、畜禽粪污的治理

2013年10月8日,国务院第26次常务会议通过了《畜禽规模养殖污染防治条例》,从2014年1月1日起施行,明确提出并规定:谁污染谁治理、将散户纳入防治与管理、走农牧结合的生态消纳之路。

(一)畜禽粪污治理目标

畜禽粪污治理的目标是坚持生态至上,以人为本,按照可持续发展原则,通过产前、产中、产后全程控制,使畜禽粪污处理实现"减量化、无害化、生态化、资源化"。

1.减量化

畜禽养殖污染源点多、面广、量大,因此治理必须要特别强调减量化优先的原则,通过养殖结构调整、开展清洁生产、改进生产工艺、科学饲养管理,采用干清粪工艺,减少畜禽粪污的产生量与排放量。以多种途径实施干湿分离、雨污分离、饮排分离等科学手段和方法,降低污水数量与浓度,降低处理难度与成本。

2.无害化

畜禽粪便污染治理必须符合"无害化"要求,在处理过程与利用时,不会对牲畜健康生长产生不良影响,不会对作物产生不利因素,排放的污水和粪便不会对人的饮用水构成危害。

3.生态化

实现种养结合、渔牧结合。统筹规划、以地控畜、以农养牧、以牧促农,实现系统生态平衡,并在畜禽粪污治理上实现就地消纳利用,降低污染,净化环境。

4.资源化

通过一定的设施设备和最新的科技手段,将粪便由废弃物变成资源,实现肥料化、饲料化、能源化、材料化、基料化的"五化"利用,净化养殖环境,利用再生资源。

(二)畜禽粪污治理方法

畜禽粪便治理主要包括两层含义:一是要通过简单有效的方法对畜禽粪便进行处理,使之能有效利用;二是在处理过程中使之除臭杀菌达到无害化的目的。

1.无害化处理方法

(1)物理处理法。一是日光自然干燥。利用阳光照晒畜禽粪便进行干燥处理,投资小,成本低,但处理规模小,耗费时间长,影响肥效,还会产生臭气,污染环境;二是高温快速干燥。即通过干燥机进行人工干燥,是目前采用较多的方法之一,可使畜禽粪便含水量从为 70%～75% 或以上下降到 8% 以下,优点是不受天气影响,能大批量生产,也能去臭灭菌,但一次性投资大,能耗高,烘干机排出的臭气又产生二次污染,以及处理温度过高会降低肥效;三是烘干膨化处理。是利用热效应和喷放机械效应双重作用,使畜禽粪便膨化、疏松,既除臭又彻底杀菌、灭虫,达到卫生防疫和商品肥料、饲料的要求;四是热喷处理。是将已干至含水率 16%～30% 的畜禽粪,装入并经短时间的低、中压蒸汽处理,然后突然减至常压喷放,所得的热喷物料已不含虫菌,且细碎、膨松、无臭味,有机物消化率也提高了 $13.4\% \sim 20.9\%$,既可直接饲喂,也可进行配混、制粒,适宜于大批量转化生产再生饲料的一项畜禽粪便处理技术。

(2)化学处理法。畜禽粪便的化学处理主要是利用化学物质与畜禽粪便中有机物进行化学反应,将畜禽粪便中有机成分氧化成 CO_2 和 H_2O 或者部分氧化化合物,无机物的氧化则不太稳定,例如 H_2S 可以氧化成 S 或 SO_4^{2-}。新鲜畜禽粪或垫料用化学药剂处理,方法简易,能可靠地灭菌,保存养分。有研究者提出各种有效的配方,其中以含甲醛、丙酸、醋酸的配方最为便宜和安全。一是加热氧化,此法能彻底破坏臭气,但能耗大,应用受限制;二是化学氧化,是向臭气中直接加入氧化气体如 O_3、福尔马林、氢氧化钠、丙酸、醋酸等化学药品达到杀菌消毒的效果,但成本高,无法大规模应用;三是生物氧化,是在特定的密封塔内利用生物氧化难闻气流中的臭气物质。

(3)生物发酵处理法。生物发酵处理法是近年来国内外研究较多的一种方法,具有成本低、肥效高、易于推广等特点。同时可达到除臭、灭菌之目的,因而被认为是最有前途的一种畜禽粪便处理方法,详细介绍请参阅本书有关章节。

(4)低等动物处理法。采用低等动物吞食畜禽粪便,在分解大量废弃物的同时,也能提供动物蛋白饲料及大量优质有机肥。例如培养蝇蛆、套养蚯蚓、养殖蜗牛等。

(5)生态工程学技术。综合利用生物学方法治理环境污染,目的是尽可能地利用养分和能源,减少或消除环境污染物的排放,是多种方法的结合,达到除臭、灭菌、保肥的效果,经济和生态效益兼顾,在生产中值得推广。例如浙江省杭州市种猪场经过多年的实践探索,提出了生态工程模式:干粪堆积发酵作有机基肥;猪粪尿和冲洗水进入化粪池,沉淀打捞,干湿分离后进入水库;水库养鱼,负责下游 $13.33hm^2$ 农田的灌溉等。

2.资源化利用

目前资源化利用主要包括肥料化、能源化、饲料化、辅料化利用。

（1）肥料化利用。详见本章第三节和第四节。

（2）能源化利用。详见本章第四节。

（3）饲料化利用。详见本章第五节。

（4）辅料化利用。畜禽粪便中含丰富的有机质和氮、磷、钾等多种养分,可进一步经过不同生物转化予以充分利用。如畜禽粪便加入一定的辅料堆制发酵后,可以利用冬闲田进行大田菇类栽培。

（三）畜禽粪污治理途径

畜禽粪污治理贯穿于畜禽养殖的全过程,可通过产前、产中、产后的途径来实施。

1.产前控制

（1）加强立法,强化管理,增强养殖户的环保意识。

（2）积极培植、发展生态型、环保型的畜牧场、养殖小区或"综合农业体"。

（3）搞好卫生,绿化环境,净化空气。畜舍周围种植花草树木不少于 25％左右。

2.产中管理

产中管理主要是通过科学饲养和管理降低畜禽排泄物的污染。主要措施有:

（1）改进饲养方式,改传统的饲养方式为工厂化分阶段饲养、全进全出的饲养方式。

（2）推进干湿分离、雨污分流,合理冲洗圈舍,从设施和工艺上尽可能减少污水排放,针对不同圈舍,采取不同的冲洗方法,减少冲洗用水,减轻养殖场排污负荷;加快建设以沼气为纽带的能源生态工程,实现规模化畜禽养殖废弃物的减量化、无害化和资源化。

（3）通过营养调控,降低畜禽排泄物的污染。

（4）改善畜禽养殖业的饮水方式和粪便收集方式。如更换饮水设备,限制畜禽用水额度,尽量节省资源;建立粪便收集池,定点收集垃圾,设置畜禽废渣的储存设施,防止畜禽废渣渗漏、散落、溢流、雨水淋失;采用固液分离措施,做到达标排放。

3. 产后处理

养殖场的畜禽粪污主要包括固体粪便、尿液和生产过程中产生的废水。粪污处理应针对不同的畜禽品种,加以区别对待。

(四)畜禽粪污治理的技术手段

1. 选择清粪工艺

目前,国内常用的清粪方式分为干清粪、水冲粪和水泡粪工艺3种。

(1)干清粪工艺。将干粪由人工或机械进行清扫和收集,然后运送至存放或处理地点。优点是可以最大程度的收集粪便,清理出的干粪有利于后续加工和处理,产生的污水量较少,且降低污水中的固形物,可以减轻污水的处理压力。

(2)水冲粪工艺。粪尿污水混合进入漏缝地板下的粪沟,每天数次从沟端的水喷头放水冲洗。粪水顺粪沟流入粪便主干沟,进入地下贮粪池或用泵抽吸到地上贮粪池。优点是可保持畜舍内环境清洁卫生,有利于动物健康。

(3)水泡粪工艺。与水冲粪工艺类似,主要区别是在粪沟中注入一定量的水,粪尿污水混合进入漏缝地板下的粪沟中,储存一定时间后(一般1~2个月),待粪沟装满后,再将粪水排出到贮粪池。优点是省水,但由于粪水长时间在畜舍停留,易造成厌氧发酵,产生有害气体,污染环境,影响畜禽健康。

2. 选择预处理技术

固液分离是主要的粪污预处理工艺,其原理是利用物理或化学的方法,把粪污中的固形物与液体分开。分开后的固体部分可以用于制作有机肥或圈舍垫料使用,而液体部分由于有机物含量降低,更便于后续处理。

(1)自然沉降法。建造沉淀池,采用重力分离原理进行固液分离,适用于污水中固形物较少者。沉淀池最好为辐流式,主流池与分流池呈扇形分布,各池之间装隔栅,便于提高分离效果。要定期对沉降池进行清污,即可将固体部分分离出来。

(2)斜板筛法。粪污在斜板筛上往下流时,污水可通过筛孔漏下进入管道,达到分离之目的。适合与自然沉降法配套使用,也可用于水冲粪工艺的固液分离。斜板筛分离机设备成本低,结构简单、维修方便、运行费用低。

(3)挤压法。挤压分离是以重力过滤为基础,通过压榨作用进行粪污分离。此法具有自动化水平高、处理量大、操作简单、容易维护、分离效果好等优点。缺点是运行过程需要电机带动,运行成本高。

3. 厌氧处理

养殖业废水属于高有机物浓度,高氮、磷含量和高有害微生物数量的"三高"废水。厌氧处理过程不需要氧,不受传氧能力的限制,具有较高的有机物负荷潜力,能使一些好氧微生物所不能降解的部分进行有机物降解,因此成为畜禽养殖场粪污处理中不可缺少的关键技术。采用厌氧消化工艺,可在较低的运行成本下有效去除大量的可溶性有机物,COD_{cr}去除率达$85\%\sim90\%$,且能杀死传染病菌,有利于养殖场的防疫。厌氧处理常用的方法有:完全混合式厌氧消化器、厌氧接触反应器、厌氧滤池、上流式厌氧污泥床、厌氧流化床、升流式固体反应器等。

4. 好氧处理

养殖废水经预处理和厌氧处理后,废水中的氨氮上升,如果不加以去除而直接排放到水中,就会导致水体的富营养化。

好氧处理是指利用好氧微生物处理养殖废水的一种工艺,其基本原理是利用微生物在好氧条件下分解有机物,同时合成自身细胞。在好氧处理中,可生物降解的有机物最终可被完全氧化为简单的无机物。好氧生物处理法可分为天然好氧处理和人工好氧处理两大类。

天然好氧生物处理法是利用天然的水体和土壤中的微生物来

净化废水的方法,主要有氧化塘(沟)、人工湿地净化等。沼气池排出的污水被引入氧化塘(沟),并在塘(沟)内停留较长时间,用于进行水储存和进一步生化处理。塘中种植水生植物,如水葫芦、芦苇和姜花等,进行有机物进一步降解,形成一个复合生态系统。在复合生态系统中利用植物的氧化、分解作用降解废水中的有机物和氮、磷等营养物质。处理后的废水可直接用于林木和农田的灌溉,实现水的资源化利用。氧化塘(沟)处理具有简单、经济、净化效果好的特点,塘内种植的水生植物可作饲料或绿肥。但是氧化塘(沟)处理技术受场地、温度、季节等自然条件的限制比较大。人工湿地净化起作用的主要是植物、基质和微生物。当污水流入净化池后,污水中比较大的颗粒会被植物的根和茎以及基质表层阻挡,形成厚厚的像泥巴一样的污垢。污水继续向下渗透,由于植物根系的呼吸作用,可将大量的氧气导入污水中,使好氧菌大量繁殖,从而将污水中的污染物吸收和降解。污水中的氧气被好氧菌消耗完后,水流继续向下渗透,经厌氧菌的吸收、降解后,最终变成干净的水排出池外。人工湿地净化效果好、运行成本低、植物可收割利用,具有广泛的应用前景。

人工好氧生物处理是采取人工强化供氧以提高好氧微生物活力的废水处理方法。该方法主要有活性污泥法、生物滤池、生物转盘、生物接触氧化法、序批式活性污泥法、厌氧/好氧、氧化沟法、间歇式排水延时曝气、循环式活性污泥系统、间歇式循环延时曝气活性污泥法等。人工好氧生物处理净化效果稳定可靠、除臭效果好,但投资大、运行成本高。

(五)畜禽粪污处理的零排放技术

畜禽粪便零排放技术,主要是利用生物技术结合先进的工艺处理技术,对畜禽粪便进行有效处理,通过高温好氧发酵,使物料完全腐熟,同时杀灭畜禽粪便中的病原菌、病毒、虫卵、寄生虫及其他有害元素,将有机物变成肥料,由不稳定状态转变为稳定的腐殖质物质。它具有节约成本、节省能耗的优点。

1. 基本设施

畜禽粪便零排放处理技术大体可分两类：一类是畜禽粪便堆积与饲养的场所相同，畜禽直接饲养在猪舍内的发酵床上；另一类是畜禽粪便堆放处理场所与饲养场所在不同处，畜禽养在舍栏中，而畜禽的粪便处理是在发酵舍的发酵槽中进行，因此基本设施有所不同。我国各地都有许多创新，有的还超越"日本技术"、"韩国技术"。

宁波市通茂工贸公司采用干粪尿液同时处理零排放，技术核心是采用高槽式堆肥结构。在料槽底部设有通气管道，供应充足氧气，促进好氧发酵；料槽顶部盖以透明顶棚，以便利用太阳能，提高发酵温度；料槽内采用高度自动化翻堆机，对物料进行深度搅拌、捣碎、翻起、推移，同时采用喷淋装置，把尿液收集喷淋到物料中，使尿液中的水分利用发酵产生的高热蒸发，边蒸发边喷淋，从而逐渐消耗掉尿液，最终达到粪尿处理同步无害化、零排放。

（1）发酵舍。发酵舍是进行畜粪堆积和发酵的场所，其基本结构是：钢混结构、透明屋顶，顶棚设置通风换气装置，两侧设立对流通风系统。棚净高 5.5m，发酵舍宽 15.6m，长 90m，内设发酵槽、污

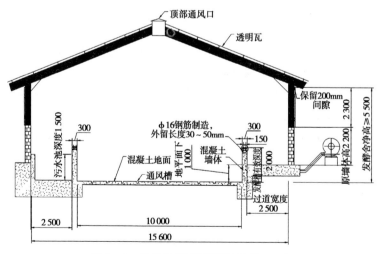

图 3-1　发酵舍剖面示意图（单位：mm）

图 3-2 发酵槽(右)与污水槽(左)

水槽各一个。发酵舍建设基本尺寸见图 3-1 所示。

(2)发酵槽。发酵槽(图 3-2)整体尺寸:长×宽×高＝80m×10m×2m,用混凝土砌成。建在发酵舍内,槽底比地平面低 0.6m,是储存和发酵猪粪的大容器,每只发酵槽可堆放猪粪(堆积高度为 1.8m 计)1 440m³。

(3)污水槽。污水槽基本尺寸:长×宽×高＝80m×2.5m×1.5m,用混凝土建成,建在发酵舍内,用于存放动物尿液和污水,可存放污水 300m³。污水槽中配有 3.7kW 液压泵和 3.7kW 污水泵,可将污水从污水池抽入污水槽,并进行污水喷淋。

(4)搅拌大车。搅拌大车由履带式搅拌器、行轨、减速电机、液压泵等组成,其中,搅拌器尺寸:宽度×移送距离×高度＝1.8m×3.2m×2.0m。大车行进速度为 3.5～7m/min,对主原料进行搅拌移动。

(5)大车行轨。由工字钢组成,安装在发酵槽墙上,是使搅拌大车在发酵槽上往复移动,进行搅拌作业的轨道。轨道尺寸:长×宽×高＝100cm×8cm×10cm。零排放设备所配置的摆臂机构侧视图见图 3-3 所示。

(6)通风与电控系统。通风系统由通风管道和两台 18kW 的鼓风机组成,设在发酵槽底部,提供发酵所需的氧气,并控制发酵温度;电控系统由电控箱仪表、继电器组成,通过电控箱控制搅拌大车、通风系统、室温、光照等。

2.工艺流程

首先是对粪便和尿液进行固液分离。粪便堆放在发酵槽始端,根据其数量添加辅料(木屑),并进行均匀搅拌,使混合物初始

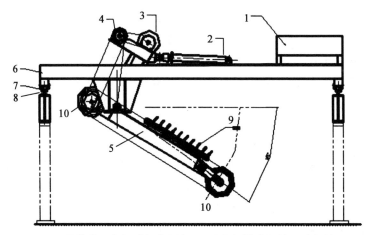

图 3-3　零排放设备摆臂机构侧视图(引自规模猪场的设计与管理)

1. 油槽　2. 液压缸　3. 电动机　4. 链轮传动机构　5. 摆臂　6. 上框架
7. 滚轮　8. 钢轨　9. 料斗　10. 槽轮

含水量达到 55%~65%;堆放 2d 后进行通风、每天搅拌一次,保证充足的氧气供给,以利于进行好氧发酵。发酵一周左右,当温度达到 50℃以上,开始进行污水喷淋。污水喷淋 10~20d,停止喷淋,仍然按正常的频率通风、搅拌。伴随着水分蒸发和高温好氧发酵,一周后污水和粪便混合物就能基本达到无害化,再经过一段时间,待水分降至 30% 以下,进行有机质和腐熟度检测与后续处理,就可制成专用无公害有机肥了。经验证,每 100m³ 粪便可以日加污水 2.25t。如粪便堆积高度为 1.8m,粪便堆放量为 900m³ [10m×(80~30)m×1.8m],可日处理污水 20.25t,正好能处理完每天产生的污水。

3. 操作要点

重点应掌握好以下"三控"技术。

(1)控制温度。温度是影响微生物活动的重要因素,在实施畜禽粪便零排放过程中起着关键作用。发酵过程中微生物分解有机质释放出热量,这些热量使物料温度上升。畜粪发酵的最适温度是50～65℃,在此范围内进行高温发酵,嗜热菌能大量繁殖,发酵速度最快,并能将病原菌、虫卵、寄生虫等一举杀灭,5～10d即可达到无害化。如发酵温度低于40℃时,则发酵的时间延长,畜禽粪便腐熟不完全;温度超过70℃时,物料中的微生物也将受到危害。根据实践经验,发酵舍的屋顶和墙壁以采用透明采光瓦结构为好,可以起到保温、升温作用;同时应设置通风和供氧设备,温度过高时,可以通过这些设备来调节通风量和氧气的供给量。

在正常情况下,如采用新鲜的粪便和木屑混合发酵,当天一般只有20～38℃,至第2d温度才会开始升高,至第5d可达到50～55℃,此时,进入第1次发酵,可进行第1次污水喷淋;7～10d后,温度上升到60～65℃,进入第2次发酵,第2次发酵持续7～10d,温度开始回落,至50～60℃时,停止喷水进行现料、通风,直至水分降至30％以下。污水喷淋对温度变化的影响见图3-4。

(2)控制水分含量。物料中的水分含量是影响畜粪发酵反应速度和成品堆肥质量的重要因素。因为水是发酵过程中有机物分解和微生物繁殖的重要条件,同时在发酵过程中,水分蒸发会带走热量,起调解发酵温度和污水处理量的作用。一般物料中含水量以50％～60％为佳,当含水量低于40％,则不能满足发酵的需要,并会影响微生物生长,从而影响发酵速度;当含水量高于70％,由

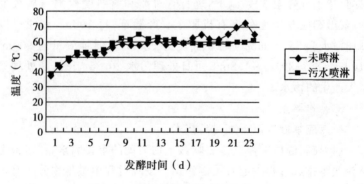

图3-4　污水喷淋对温度变化的影响

于物料之间充满水分,有碍通风,氧气不足、厌氧发酵,温度难以上升,分解发酵速度降低。经测定,物料的最初水分含量在63%左右,结合搅拌和通风,一周后温度上升至50℃以上,水分下降到60%以下,然后按照25t/(d·100m³)开始污水喷淋,让水分保持在60%以下,污水停止喷淋后,结合搅拌、通风使水分蒸发至30%以下。含水量要保持在50%~60%。

（3）控制氧气供给。耗氧数量和速率是微生物活动强弱的标志,能反映堆肥中有机质分解的程度。在通风供氧过程中,应注意氧气的浓度,一般堆肥过程中物料适宜的含氧量为8%~18%,含氧量一旦低于8%,好氧微生物活性将受到限制,并使厌氧菌活跃,产生恶臭,导致发酵失败。根据耗氧速率,供氧时通风量一般应在0.0089m³/min。发酵之初,物料发酵3~4d时开始进行通风,以保证充足的氧气供给,一般每天可在中午通风1~2h,随着温度的上升,通风的时间可以稍微延长,如果温度骤然下降,应暂时停止通风。

除了做到"三控"外,在发酵过程中还需要不时地添加辅料、对物料进行搅拌、调节通风和污水喷淋,综合控制水分、温度和供氧量,才能实现零排放效果。

第三节　畜禽粪污肥料化处理与利用

畜禽粪便中含有大量的有机物及丰富的氮、磷、钾等营养物质,是发展可持续农业的宝贵资源。当前,畜禽粪便除用于堆沤还田外,主要制作有机肥、生物复合肥,经处理而获得的有机肥、生物复合肥,简称商品有机肥,臭气少、且较干燥,容易包装、撒施,有利于作物的生长发育。

一、精制纯有机肥

（一）生产工艺流程

1.预处理

新鲜畜禽粪便(加辅料)→铲车搅拌均匀→堆高80~100cm,

图 3 - 5 配备有翻料机的多槽式发酵车间

放置 7～10d,含水率达到60％左右。

2.高温发酵

预处理后畜禽粪(加发酵菌)→发酵槽(控制温度经 20～30d 完成发酵过程)。其间,通过翻堆机翻堆打碎。图 3 - 5 是配备有翻料机的多槽式发酵车间。

3.造粒成型

物料充分腐熟→通过输送带输送至造粒车间(后熟 15～30d)→粉碎过筛→精制有机肥→粉状或粒状成品→包装→入库。

(二)生产设备

生产设备有翻料机、搅拌机、粉碎机、筛分机、输送机、造粒机。

1.翻料机

翻料机是装有带翻铲旋转滚筒的机械,还装有行走机构,可进、可退;翻料机行走时,通过前置旋转滚筒不断地将前面的肥料翻到后面,以达到搅拌目的。

浙江省宁波市等地畜禽养殖场所采用的翻料机,主要有 FLJ(Y)-48 型(图 3 - 6)、HQ250 型(图 3 - 7)、FLJ(Y)-4.8 型三种型号。

(1)FLJ - 48 型堆肥翻料机。本机由宁波环瀛工具公司开发。主要有翻料滚筒、行走及机架、液压

图 3 - 6 FLJ(Y)—48 型翻料机

系统和控制箱等机构组成。液压系统由油箱、液压泵、控制阀、液压马达、油缸和油管等组成,由液压泵产生的动力,经控制阀作用后,一是通过液压油缸作用使滚筒作上升或下降的摆动,并可在上、下止点间任何位置停留;二是通过液压马达的作用使滚筒产生旋转运动。滚筒由筒体、端盖和翻铲等组成,两端分别通过轴承和液压马达支承在吊板上,并通过吊板安装在提升轴上。滚筒由内置液压马达带动旋转,使翻铲以筒芯为圆心作切削、粉碎、抛起物料的转动,同时可在任何高度作停留和正反向旋转。行走机构由电机产生动力,经减速箱和万向节带动行走,通过调频器调节前进速度,使翻料机能适应不同质料的行走速度要求,达到优质高效的翻切目的。机架由边梁、上横梁和下横梁等组成,装有油箱、液压泵、防护罩、提升机构、行走机构和控制箱等部件。各部件通过机架的联接,协调工作。控制箱是操作机器的核心,内装有多种控制电器,所有动作均由控制箱集中控制,使用操作方便。

　　(2)HQ250型堆肥翻料机。本机由宁波市农机研究所、鄞州精通机械厂联合开发。本机由驾驶室操作系统、柴油机、拱形机架及带刀滚筒、履带行走底盘等组成,是一种畜禽肥料和垃圾处理专用设备,用于肥料、垃圾的翻

图 3-7　HQ250 型翻料机

耕、成型,是集破碎、翻堆、移料于一体的专用设备,具有操作简单、工作效率高、搅拌均匀透彻、适应性强、发酵场地利用率高、机动性强的特点。

　　(3)FLJ(Y)4.8型堆肥翻料机。外形尺寸:5.13m×2m;高度(从地面到顶部)2m;外罩升起(从地面到顶部总高)2.65m;轨距 4.8m;轨上平面至地面高度 0.85m。工作尺寸:堆料宽(最大)

4.5m；堆料高（最大）0.75m。行走速度：1～4m/min，可调。工作电源：380V 三相交流；电机功率：翻料，7.5kW；行走，0.75kW；升降，0.75kW。

2.粉碎机

粉碎机有链式破碎机和辊式破碎机2种。

（1）链式破碎机。如图3-8所示，链式破碎机是一对挂有4～8组多排链条的转子。当转子高速旋转时，链条在离心力作用下，呈辐射状向四周伸展，加入到机内的物料，不断受到链条打击和物料间相互冲击而粉碎。

（2）辊式破碎机。如图3-9所示，辊式破碎机由两个平行安装的、相向回转的圆柱轧辊所组成，轧辊钳住物料，在轧辊表面的摩擦力作用下，物料被扯进轧辊间隙中，受到挤压而将大块的物料破碎。

图 3-8　链式破碎机

图 3-9　辊式破碎机

3.造粒机

造粒机有挤压造粒机、圆盘造粒机和转鼓造粒机3种。

（1）挤压造粒机（图3-10）。近年来应用最为广泛．粉料从料斗连续均匀加入至两轧辊的上方，在挤压轧辊连续旋转作用下，粉料被咬入两轧辊间挤压成板料，然后在离心力和板料自身重力作用下脱

图 3-10　挤压造粒机

落,至带有齿爪的整形轮打击而分开成粒。

挤压造粒工艺流程见图 3-11 所示。

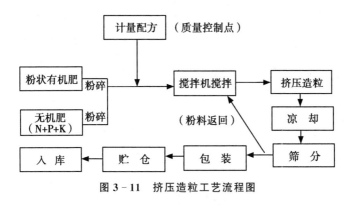

图 3-11 挤压造粒工艺流程图

(2)圆盘造粒机(图 3-13)。从加料管加入到倾斜圆盘内的粉料,与液体喷洒器喷淋出的液相物质粘合形成小粒群,在倾斜圆盘旋转产生的重力和离心力下,向下方盘边滚动而不断粘附粉料,使颗粒增大。同时受盘底摩擦力的作用,颗粒随圆盘向上滚动,在到达刮料板位置时,未成球粒的粉料经刮料板与盘底的间隙通过,而大部分颗粒则顺刮料板流下至盘边,在连续的滚动中再次粘附粉料,多次循环往复,颗粒由小到大,达到成品粒度而从圆盘的边缘溢出。圆盘造粒工艺流程见图 3-12 所示。

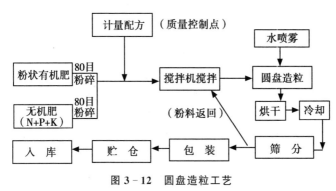

图 3-12 圆盘造粒工艺

图 3 - 13　圆盘造粒机

图 3 - 14　转鼓造粒机

（3）转鼓造粒机（图 3 - 14）。圆筒转鼓用托轮、挡轮组支撑，由驱动装置经齿轮传动使筒体旋转，物料在筒体内随着转动而形成颗粒。

图 3 - 15　输送设备

4.输送设备

输送设备有皮带和料斗（图 3 - 15）。皮带输送适合于坡度较小、距离较长（倾斜角度小于 30°的物料运输），物料落到皮带上，传动轴带动皮带运动。

料斗输送适合于坡度较陡的原料输送，物料落到料斗，链条带动每个小料斗运动，把物料带到下一设备。

5.筛分设备

筛分设备有振动筛、振网筛和旋转筛。

（1）振动筛。箱上装有筛网，倾角为 15°～20°，在振动器作用下筛箱带动筛面产生圆形轨迹的振动，将物料分离。

（2）振网筛。由振动电动机、筛箱、减振装置、筛网、防尘罩及料斗组成。当振动电动机转动时，电动机轴两端的半圆形偏心块也随着转动，产生了周期性的惯性力，经减振弹簧通过连杆传动，使固定在连杆上的筛网作上下振动，通过振动与重力的作用，将物料机械地分离为网上和网下成分,达到分级目的。

(3)旋转筛。通过旋转产生的离心力,使小于和大于筛孔的物料分别分离。

二、有机无机复混肥

有机无机复混肥生产的核心是均匀混合和造粒,它以无害化发酵好的畜禽粪便初级产品和无机化肥(主要指氮、磷、钾肥)作为主要原料,根据土壤和作物的养分特性,以及培肥土壤的目的,配制具有养分平衡并经机械加工而成的固体肥料。

(一)生产工艺流程

有挤压造粒与圆盘造粒2种。挤压造粒工艺成品为长柱状;圆盘造粒工艺成品为圆球状。

(二)生产设备

有机—无机复混肥生产设备,是一种将畜禽粪加工成有机—无机复混肥的设备,该设备包括原料干燥、粉碎、混合、成粒、成品干燥、分级、计量包装等部分。广东省农机研究所生产的复合肥生产设备,时产1t的动力为60kW,时产2t的动力为70kW。宁波市环瀛农业科技有限公司杜更生等设计开发的复合肥生产流水线全套设备(图3-16)也已正式投产,性能可靠,价格低廉。

在选购生产设备时,要根据企业规模、生产目标、工艺流程而确定。小型牧场一般配备可移动式小型翻料机,生产初级粉状肥

图3-16　宁波市环瀛农业科技有限公司生产的
混合搅拌机及微电脑配制系统

料;中型牧场配备槽式翻料机及相关配套机械,生产初级颗粒状肥料;大型牧场或有机肥料厂,应配套系列成套机械,生产颗粒有机—无机复混肥。

系列成套机械主要有:

(1)干湿搅拌机,用于鲜粪和干料的混合。

(2)加压混炼机,用于升温和杀菌。

(3)堆置发酵翻料机,用于发酵过程中的搅拌、干燥。

(4)造粒机,用于肥料的造粒成型。

(5)烘干机,用于肥料的脱水。

(6)混合机,用于多种肥料的混合。

(7)灌包机,用于肥料的灌装。

(8)其他配套机械。

(三)生产技术要点

1.肥源选择

(1)有机肥选择。应选用含水量在30%以内,没有霉变、已达到无害化的发酵腐熟物料,用18目筛子过筛后待用。

(2)无机肥选择。应选用来源于国家定点生产厂家生产、有批号有生产许可证生产合格证的产品,产品的氮、磷、钾含量标注清楚,符合国家有关规定。

2.科学配方

(1)有机—无机复混肥配方步骤。

有机—无机复混肥的配方是指有机复混肥中有机质和氮、磷、钾含量的比例以及其他元素的加入量。因为有机—无机复混肥多数用来作基肥,所以实际上就是指基肥中有机质和氮、磷、钾含量的比例。其表示方法以100kg有机肥为基数,注明氮、磷、钾含量的比例,如9-9-9是指100kg有机肥中含有N 9kg、P_2O_5 9kg、K_2O 9kg。即复混肥中氮、磷、钾的比例为1:1:1;对于含有效营养元素的土壤,配肥时应把这部分扣除。另外在制定无机肥的比例和数量时,也要将有机物所能提供的养分扣除后而确定。

(2)有机复混肥配方步骤。

第一步:确定有机肥与无机肥的比例。如用含有机质45％、N 2.0％、P_2O_5 1.0％、K_2O 2.0％的有机肥和含N46％的尿素、含 P_2O_5 14％的过磷酸钙、含 K_2O 60％的氯化钾配制有机质含量为 20％和 N：P_2O_5：K_2O＝2：1：2 的有机复混肥,求该有机复混 肥中氮、磷、钾含量和各个基础肥料的配合量。设 P 为有机肥在 有机复混肥中所占的比例;Q 为无机肥在有机复混肥中所占的比 例。则:P＋Q＝100;P×45÷(P＋Q)＝20;解后算出 P＝44.4, Q＝55.6。

第二步:确定无机物料中各种化肥的比例。设复混肥中 N： P_2O_5：K_2O＝A：B：C,各营养物质在复混肥中的百分含量为 a：b：c,而 4 种单个基础肥料(N 素化肥,P 素化肥,K 素化肥,有 机物料)中营养物质的百分含量分别为:a_1、b_1、c_1；a_2、b_2、c_2；a_3、 b_3、c_3；a_4、b_4、c_4,又设组成复混肥料中的各个基础肥料的百分含量 分别为 X、Y、Z、P;Q 为无机肥所占的总比例。

为解出 a、b、c、X、Y、Z、P、Q,列出以下 7 个方程:

$a＝a_1×X％＋a_2×Y％＋a_3×Z％＋a_4×P％$

$b＝b_1×X％＋b_2×Y％＋b_3×Z％＋b_4×P％$

$c＝c_1×X％＋c_2×Y％＋c_3×Z％＋c_4×P％$

$a÷b＝A÷B$

$a÷c＝A÷C$

$X＋Y＋Z＋P＝100$

$Q＝X＋Y＋Z$

例如:用 N 46％的尿素、含 P_2O_5 14％的过磷酸钙、含 K_2O 60％的氯化钾配制 N：P_2O_5：K_2O＝2：1：2 的有机复混肥,求 复混肥的氮、磷、钾含量和各个基础肥料的配合量。已知:A＝2, B＝1,C＝2。将上面已知的 15 个数据,代入上面 7 个方程式,解 后可以求出复混肥中氮、磷、钾含量为:N,a＝8.394;P_2O_5,b＝ 4.197;K_2O,c＝8.395。同时求出制取 2：1：2 的有机复混肥

100kg 需尿素 X＝16.37kg；过磷酸钙 Y＝26.75kg；钾肥 Z＝12.48kg。

　　第三步:原料预处理。即将计算并配方后的原料进行预处理,过磷酸钙要进行预干燥,使其含水率由 10％～15％降低到 5％左右;对无机化肥进行粉碎;对过磷酸钙用碳酸氢氨进行中和氨化,据试验,中和的配比以过磷酸钙：碳酸氢铵＝10：1(重量)为宜。

　　第四步:混合搅拌。即将氮、磷、钾 3 种主要基础肥料,按照拟好的配方,输送于混合机内进行混合搅拌。混合机可用滚动式颤立式圆盘,混合充分,即混即用。混合搅拌时间视机型而异,一般为 30min 左右。

　　第五步:造粒和包装。这是最后一步,按照确定的配方,将有机肥和无机肥混匀搅拌,输送到造粒机上造粒,造粒方式有挤压、团粒和喷浆 3 种工艺。造好的有机肥颗粒形状有长圆柱形和圆球状两种;长圆柱形的粒度 3.35～5.60mm。造粒后摊晾,使含水率控制在 10％以内,用包装袋包装。包装袋上标识要清楚,要写明肥料名称、商标、总养分及配合式、执行标准、肥料登记证号、生产许可证号、净含量、生产厂名及厂址、生产日期。

　　造粒完成后,还要进行扑粉处理,以改善颗粒表面的物理结构,便于保存。扑粉通常为黏土、钙镁磷肥、石膏粉、滑石粉等,用量一般占复混肥量的 2％～4％。扑粉过程是将扑粉剂加到成品中,适当翻滚,混合均匀即可。

第四节　畜禽粪污沼气化处理与利用

　　沼气技术是一项变废为宝的能源高效转换技术。畜禽粪尿等有机废弃物经过沼气池厌氧发酵产生了沼气、沼液、沼渣,即"三沼"。沼气是一种可燃性混合气体,主要成分是甲烷和二氧化碳,可替代薪柴、秸秆、液化石油气、电等作为家庭生产生活用能,还可以储粮、保鲜水果等;沼液、沼渣的活性成分很多,含有丰富的有机质和氮、磷、钾等营养成分,是一种优质高效的有机肥料,可作为小麦、玉米、水稻、蔬菜、水果、食用菌等作物的肥料或养料,有效减少化肥、农药的使用,提高农作物产量和品质;同时,沼液中含有多种氨基酸、维生素 B、水解酶、微量元素、植物激素等生命活性物质,作为饲料添加剂,可以促进畜禽的生长发育,提高畜禽自体的抗病能力。因此,沼气、沼液、沼渣在农业生产和农民生活中具有广泛而深远的综合利用价值。

一、沼气的综合利用

随着我国经济、科技水平的提高,沼气作为传统能源用于农村家庭炊事、照明、取暖外,还广泛应用于其他用途。

（一）水果储藏保鲜

沼气作为一种环境气体调节剂用于水果储藏,可降低水果的呼吸强度,减少储藏过程中的基质消耗,防治虫霉、病菌,延长储藏时间,保持良好品质。做法如下:

1.采摘时间

采果应选择晴天露水干后进行,采收时要用果剪,采摘轻拿轻放,不要碰伤果子。

2.预储地点

对水果要进行预储,目的是使果皮蒸发少量水分,释放"田间热",减轻果皮细胞膨压,使果皮软化,略有弹性;预储要选择干燥、阴凉、通风的地方,时间以 2d 左右为宜。

3.储藏装置

沼气储藏水果应根据品种、数量和环境条件,选用不同的储藏装置方式,一般的储藏方式有箱式、薄膜罩式、柜式、土窑式和储藏室等 5 种。

4.储藏地点

要求通风、清洁、温度比较稳定、昼夜温差小的地方,储藏的环境和储藏室要事先进行消毒处理。

5.储藏过程中沼气用量控制管理

一般情况下,装置沼气输入量为每平方米储藏空间每天输入 $0.01\sim0.03m^2$ 沼气。前期沼气输入量可少一些。当温度较高、水果呼吸增强时,适当加大输入量。一般情况下每天输入一次沼气即可。此外,装置的密封情况也对沼气输入量有影响;一般要求储藏温度为 $4\sim15℃$, $15℃$ 以上要特别小心,超过 $20℃$ 就不能进行储藏,湿度控制在 $90\%\sim98\%$;入库后一周翻果一次并加强检查,将有损伤变质的果子取出,以后每半个月左右结合换气翻果一次;出果前应先通风 $3\sim5d$,以便让储藏的果子逐步适应库外环境,防止出库时"见风烂";沼气是一种可燃气体,遇火会发生爆炸,因此要严禁在储藏室内吸烟、点灯,防止火灾事故发生。

(二)温室内增施 CO_2 气肥

1.沼气在大棚蔬菜上的应用机理

(1)沼气燃烧产生 CO_2 ,释放热量,增加棚温,缩短作物生长期。

(2)沼气燃烧产生 CO_2 ,促进了光合作用,增加了干物质的积累。

2.使用方法

(1)以每亩 6 盏灯的比例在已定植的大棚内安装沼气灯,点燃后加温。

(2)沼气灯点燃时间不能过长,棚内温度不能过高,点燃沼气释放 CO_2 要在棚内气温较低或 CO_2 浓度较低时进行,棚内温度超过 $30℃$ 时应立即停止。

(3)在栽植黄瓜、番茄等作物的大棚内, CO_2 浓度应控制在 $1\ 100\sim1\ 300mg/kg$,共施气肥 7 周,棚内温度不能超过 $30℃$,棚内湿度 $50\%\sim60\%$ 。

(4)要提高沼气池冬季的产气效率,满足大棚内的沼气供应。

(三)沼气发电

沼气发电机组是构成沼气发电系统的主要设备,有沼气发电机组、发电机和热回收装置。沼气经脱硫器由贮气罐供给燃气发电机组，从而驱动与沼气内燃机相连接的发电机而产生电力。沼气发电机组排出的冷却水和废气中的热量通过热回收装置进行回收后，作为沼气发生器的加温热源。

图 3-17　沼气发电工程厌氧发酵罐

图 3-17 为沼气发电工程厌氧发酵罐。

1. 发电系统概述

（1）沼气脱硫及稳压、防爆装置。供发动机使用的沼气要先经过脱硫装置，以减少硫化氢对发动机的腐蚀。沼气进气管路上安装稳压装置，以便于对流量进行调节，达到最佳的空燃比。另外，为防止进气管回火，应在沼气总管上安置防回火与防爆装置。

（2）进气调节系统。在进气总管上，需设置一套精确、灵敏的燃气混合器，以调节空气和沼气的混合比例。

（3）发动机点火系统。沼气的燃烧速度慢，对于原来使用汽油、柴油及天然气的发动机的点火系统要进行一定程度的改造，以提高燃烧效率，减少后燃烧现象，延长运行寿命。

（4）调速系统。若沼气发电机组独立运行，即以用电设备为负荷进行运转，用电设备的并入和卸载都会使发电机的负荷产生波动。为了确保发电机组正常运行，沼气发动机上的调速系统必不可少。

（5）预热利用系统。采用预热利用装置，对发动机冷却水和排气中的热量进行利用，提高沼气的能源利用效率。

（6）并网控制系统。主要包括发电机调压电路，自动准同期并列控制电路，手动并列和解列控制电路，测量电路，燃气发动机及辅助设备控制电路等。沼气发电系统对电能的最经济使用方式是先满足建设单位自身的用电需求,然后再将多余的电力并入公共电网。

2.沼气用于内燃机的特点

甲烷的辛烷值在105~115时,沼气的辛烷值较高。由于抗爆性能好,发电机组可以选用较高的压缩比。柴油机在燃用沼气或双燃料时,可以获得不低于原机的功率。柴油机全部烧柴油时的额定功率为9 708W、2 000r/min,如果燃用70%的沼气和30%的柴油,同样可以达到这一指标。如全部烧沼气,调整压缩比和燃烧室,可以达到11 032W、2 000r/min,乃至更高的指标。

甲烷的燃烧点在640~840℃,它在密闭条件下与空气的混合比为1/120~1/7时遇火引燃,因此,可以利用它使内燃机工作。沼气的理论燃烧温度为1 807.2~1 945.5℃,由于沼气中混有二氧化碳气,使其火焰的传播速度低,所以在内燃机内有良好的抗爆作用。

3.发电机组

在我国,有全部使用沼气的单燃料沼气发电机组及部分使用沼气的双燃

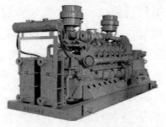

图3-18 沼气发电机

料沼气—柴油发电机组。图3-18为沼气发电机;图3-19为沼气发动机发电机组工作系统。

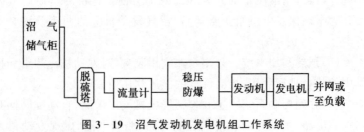

图3-19 沼气发动机发电机组工作系统

单燃料沼气发电机组工作原理是：将"空气沼气"的混合物在气缸内压缩，用火花塞使其燃烧，通过火塞的往复运动得到动力，然后连接发电机发电。

其优点是：

(1)不需要辅助燃料油及其供给设备；

(2)燃料为一个系统，在控制方面比可烧两种燃料的发电机组简单；

(3)发电机组价格较低。

其缺点是：

工作受供给沼气的数量和质量的影响。

双燃料沼气—柴油发电机组工作原理是：将"空气燃烧气体"的混合物在气缸内压缩，用点火燃料使其燃烧，通过火塞的往复运动得到动力，然后连接发电机发电。

其优点是：

(1)用液体燃料或气体燃料都可工作。

(2)对沼气的产量和甲烷浓度的变化能够适应。

(3)如由用气体燃料为柴油燃料，发电机组内不会残留未燃烧的气体，因此耐腐蚀性好。

其缺点是：

(1)用气体燃料工作时也需要液体辅助燃料。

(2)需要液体燃料供给设备。

(3)控制机构稍复杂。

(4)价格较单燃料式发电机组稍高。

4.发电机余热利用

沼气发电机的余热利用分为两部分：一是排烟的余热利用，二是发电机自身冷却热量的利用。目前，国内的发电机不提供机组自身冷却热量的利用，只有排烟的余热可用。国外机组，例 GE Jenbacher 的内燃机，可以提供上述两部分的余热利用。常见的余热利用方案有 4 种。

（1）热水型。利用发电机的余热可以产生 90℃甚至更高温度的热水。这种形式在需要供暖的北方地区可以使用。

（2）烟气型。利用烟气的余热配合吸收式制冷机组，可以提供冷源负荷。

（3）蒸汽型。利用烟气的余热可以产生饱和蒸汽或者过热蒸汽，但是沼气发电机组的容量较小，蒸汽的产量较小。例如，1 台 1MW 的沼气发电机组，可以产生 1.0t 左右的饱和蒸汽（蒸汽压力为 0.6MPa），作为供汽负荷使用。

（4）发电型。利用发电机的余热，配合螺杆膨胀动力机发电。1 台 1MW 的沼气发电机组，利用排烟余热，可以配置 1 台 70kW 的螺杆膨胀动力机发电。

目前，我国集约化养殖场一般都建在离村庄较远的地方，养殖场周围没有热、汽用户，冷源用户也较少，沼气发电厂通常建在养殖场的附近。因此，采用发电型方案可能是沼气发电余热利用的最佳方式。

二、沼液、沼渣在农作物上的应用

（一）沼液、沼渣消解利用模式

1. 就地利用模式

其特点是就地建造沼气池，通过输配管网将沼肥输送到当地的种植基地，实行这一模式的占比最高，消纳量最大，规模较小的牧场大多采用这种方式。沼液通过管道，直接输送到附近种植基地，管道铺设到种植地头，每间隔 4～5m 设施一个排放阀，实现沼渣、沼液就地即时利用，减少化肥使用数量。

2. 异地利用模式

通过收集、堆肥储存，实行异地营销。采用这一模式的需建立由政府扶持、市场主体相结合的沼液配送服务公司，开展沼渣、沼液的清理与销售服务。公司与种植基地签订沼液供应协议，公司与养殖户签订沼液处理协议，沼液服务公司市场化运作，政府再从中给予适当补贴。这是一种社会化的服务模式，在方法上还可采用：

（1）铺设管道输送方式。利用大型畜牧场产生的沼液，通过抽水（肥）泵、管道、分离池、水渠，然后进入农田的消解利用模式。操作中应注意：一是就近铺设；二是选择长耐久用的高压管、抽水（肥）泵；三是铺管沟深应在1m以上，以防农事操作及其他方式损坏，铺管后要覆土；四是抽水（肥）泵前端应添加过滤装置以防沼渣堵塞，做好用电安全。

（2）灌溉渠道输送方式。利用现成灌溉渠道输送沼液，即"沼液—渠道—农田"模式，可节约劳力开支，降低生产成本，但沼液输送渠道的分布要尽量广，最好能延伸分布到规划区域的每块田地，并建一些安全水闸或溢口。

（3）沼液车运载输送方式。沼液通过专用槽罐车或农用车、拖拉机进行改装，在车上安装一个储液罐或车斗中制作一个制板框（木桶），内衬贴一层厚膜进行运载至田头施用。

3.有机肥模式

通过收集秸秆、粪便等农业废弃物，集中堆肥、添加辅料，进行高温发酵，制成商品有机肥。沼气池内的沼渣或养殖场内的干清粪，经过15～30d堆肥高温发酵，腐熟后的熟肥适量添加其他辅料，经有机肥生产设备加工包装成有机肥出售。此模式将沼渣（干清粪）深加工制作商品有机肥，集中处理，便于存储、销售，有利增值，但缺点是投资大。

4.四位一体模式

将沼气池、农户生产的秸秆，连同农户所用的猪舍、厕所、日光温棚等产生的所有农业废弃物，一起实行制沼处理，实现沼气池、秸秆（猪粪）、沼渣、蔬菜（农作物）的四位一体高效循环利用。此模式适用于分散经营户。

（二）沼肥应用范围

1.沼渣制作营养土

沼渣营养丰富，可以作为蔬菜育苗营养土的配制材料。配用时,应选用腐殖度好、质地细腻的沼渣,其用量应占总混合物的20%～30%,再掺入50%～60%的大田土、5%～10%的木屑、0.1%～0.2%的尿素和磷酸二氢铵。配用的营养土可以起到防治蔬菜立枯病、枯萎病和猝倒病及地下害虫的作用。

2.沼渣用作基肥

沼渣是一种优质无菌有机肥料,平均含腐殖酸11%左右,氮、磷、钾速效养分含量也较高,其肥效优于沤制有机肥,可以用作基肥或追肥,具有改良土壤结构,培肥地力,增强土壤的保水、保肥能力等作用。施用方法与普通农家肥一样。一般667m² 用量1 200～1 800kg。沼渣作追肥,应深施覆土或穴施,深施6～10cm 时效果最好。

3.沼液用作追肥

沼液的上层含有大量可溶性养分,是含氮丰富的液体肥料,易被蔬菜等作物吸收利用,可作为蔬菜的追肥;中层含有丰富的氮、磷、有机质和腐殖质,肥力较高,适合在作物生产中施用。如水稻,沼液作基肥时亩施10 000～12 000kg、作追肥时亩施5 000～8 000kg 为宜;小麦,沼液作底肥时亩施7 000～8 000kg、作追肥时亩施5 000～6 000kg 为宜;果菜类每667m² 可追施2 500～3 000kg;瓜菜类可在花蕾期和果实膨大期施用,每亩施2 000～2 500kg,一般菜田追肥亩沼液用量1 200～2 500kg;柑橘,花前肥每株施用沼液40～50kg,促梢肥每株施用沼液90～100kg,冬季还阳肥每株施用沼液40～50kg 为好。在沼肥施用时,通常结合灌水,做到肥水同灌,直接将沼液追施到垄沟内效果更好。

4.沼液作叶面肥

沼液养分丰富,既能补充营养需要,促进生长平衡,增强光合作用,又可抑制病虫害发生,在粮食、棉花、果树上均可施用,尤其在果树上施用,保花保果效果较好,可显著提高商品果率。施用方法是:取正常产气1 个月以上的沼液,澄清、过滤,幼苗喷施时,应稀释10～20 倍,中后期喷施应稀释5～10 倍为宜,一般每亩施

40kg 左右。喷施时应以叶背面为主,利于吸收,每隔 7～10d 一次,采收上市前 7～10d 不要喷施。喷施一般在上午露水干后进行,夏季宜在傍晚喷施,中午和下雨时不宜施用。

5.沼液浸种

沼液浸种是一项操作简单、容易推广的成功技术,具有较好的增产效果和经济效益。经沼液浸种的作物发芽率高,而且芽壮根粗,植株抗逆性明显增强,产量提高,一般作物能增产 5%～10%。

(1)沼液浸种具体方法:①种子袋装。将种子装入透水性较好的袋内,装种量根据袋子大小而定,一般每袋装 15～20kg,并要留出一定的空间,以备种子吸水后膨胀。一般有壳种子应留 1/3 的空间,无壳种子应留 1/2 或 2/3 的空间,然后扎紧袋口。比重较轻的棉花种子等应在袋中加入一些石块或砖块,以防浸种时口袋浮起;②浸种位置。将装有种子的袋子用绳子吊入正常产气的沼气池出料间中部料液中;③浸种时间。视种子种类和出料间沼液温度的不同而异。有壳种子一般浸种 24～27h,无壳种子一般浸种 12～24h。沼液温度低时,浸种时间稍长;反之,则时间相应缩短。一般以种子吸饱水为宜,最低吸水量要达到 23%;④浸后处理。提出种子袋,沥干沼液,把种子取出洗净晾干,然后播种。需要催芽的,按常规方法催芽后播种。

(2)沼液浸种注意要点:①加有盖板的出料间应在浸种前 1～2d 揭开透气,搅动料液,使硫化氢气体逸散并清除浮渣,以便浸种。在此过程中应注意人身安全,避免事故。②发酵充分的沼液(无恶臭气味、深褐色明亮的液体,pH 值在 7～7.6,比重在 1.004～1.007)才能用来浸种。一般正常使用 2 个月以上,并且正在产气的(以能点亮沼气灯为准)沼气池出料间内的沼液即可。若出料间流进了生水、有毒污水(如农药等),或倒进了生粪、其他废弃物的沼液不能用来浸种。③浸种时间不能超过规定,如果时间过长,会使种子水解过度,影响发芽率。④种子浸泡后,一定要沥去沼液,需要用清水洗净的,应用清水洗净,晾干种子表面水分,然后才能催芽或播种。

(三)沼液膜浓缩技术

这是一项近年来各地边试验边推广的新型技术,可大大减轻沼液的运输成本,应用范围可以拓展。

1.工艺流程

活液→粗滤→细滤→超滤→浓缩

沼液肥生产过程见图 3-20 所示。

2.生产技术和设备特点

(1)沼液在沼液沉淀池内经过一定时间沉淀后,澄清的沼液经沉淀池自吸泵抽吸到螺旋滚筒式沼液沼渣精密分离装置进行初步过滤分离;由 1 台沼液沉淀池自吸泵和独立控制阀门轮流抽吸沼液沉淀池中澄清的沼液;沼液沉淀池自吸泵在沼液沉淀池内的管道外围设有沼液沉淀池滤网,以阻隔颗粒状物质进入抽吸管道而造成的连接管道和沼液沉淀池自吸泵堵塞。

(2)螺旋滚筒式沼液、沼渣精密分离装置,是用来滤除颗粒比较大的渣滓、植物纤维及悬浮物等物质,过滤后的沼液通过出口管道依靠液体自重流入到沼液原液储罐中储存待用。

(3)经过螺旋滚筒式沼液、沼渣精密分离装置过滤后的沼液进入沼液原液储罐暂存和进一步沉淀;沼液原液输送泵负责给芳香族聚酰胺膜元件浓缩装置提供原液供应;原液在进入芳香族聚酰胺膜元件浓缩装置以前,首先经过沼液机械过滤装置、沼液多介质过滤装置、沼液精密过滤装置、沼液错流超滤装置进入超滤液储罐,经加压后提供给芳香族聚酰胺膜元件浓缩装置进行沼液的浓缩和分离。

(4)沼液机械过滤装置主要是滤除沼液中比较大的泥沙及悬浮物,为沼液多介质过滤装置以及沼液精密过滤装置提供澄清的沼液。

(5)沼液多介质过滤装置主要是吸附沼液中的余氯、农药残留

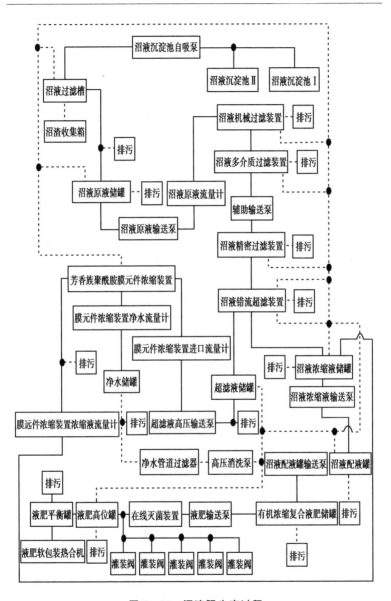

图 3-20　沼液肥生产过程

物、胶体及带有腥臭气味的有机物,为芳香族聚酰胺膜元件浓缩装置提供比较澄清的沼液,保护浓缩装置核心部件不受损坏。

(6)沼液精密过滤装置主要是使常规营养成分、活性有机成分、B族维生素、多种氨基酸、蛋白质、水解酶以及多种无机酸和某些抗生素等有机分子及绝大部分水分子通过钛合金过滤元件形成透过液,然后进入沼液错流超滤装置,其余大分子物质被阻隔在钛合金过滤元件外表面。

(7)来自沼液精密过滤装置的沼液被沼液错流超滤装置进行过滤和分离,透过液进入超滤液储罐储存待用,未透过液进入沼液浓缩液储罐储存待用。

(8)沼液中的游离状态的水透过芳香族聚酰胺膜元件进入净水储罐储存做设备清洗用水,而未透过液形成浓缩液进入浓缩液储罐。

(9)根据不同农作物的肥料需求,添加相应的营养成分在浓缩液中制成有机浓缩复合液肥。有机浓缩复合液肥储罐至液肥高位罐的管道中间部位设有在线灭菌装置,对液肥进行灭菌消毒处理,以防止成品有机浓缩复合液肥在储存过程中发生胀袋及降低液肥的品质。

(四)沼液施用效果与影响

1.沼液还田对土壤肥效的影响

试验表明:长期施用化肥会导致土壤pH值降低,土壤酸性增加,产生板结,降低肥力。沼液以肥料的方式进入土壤后,会对土壤进行改良。土壤中的有机质可吸附阳离子,使土壤具有保肥性和缓冲性,促进土壤微生物的均衡生长,同时还能疏松土壤,改善物理性状。针对不同地区土壤的研究表明,沼液对于土壤中的有机质含量提升有一定的促进作用,使用沼液后,土壤中总氮、速效氮、速效磷、速效钾均有提高。另外,沼液中的腐殖酸对土壤团粒结构的形成也有重要作用。有研究显示,沼液与化肥配合使用,不但可均衡土壤所需的营养元素,增强土壤肥效,而且可以疏松土壤,增加土壤透气性。将沼液用于还田,结果表明土壤中有机质、速效氮、速效磷及速效钾的含量较施用化肥的土壤分别高 1.6%、122μg/kg、171μg/kg 和 0.43μg/kg,土壤孔隙度提高 9.7%。与施用猪粪、化肥相比,施用沼液有利于促进土壤中微生物的均衡生长,土壤中有机质与碱解氮含量显著提高。

2. 沼液灌溉对重金属积累迁移的影响

作者于 2009—2011 年,在水稻、西瓜、柑橘 3 种作物(土壤为淡涂泥田)上连续进行了三年试验,结果表明:沼液在这 3 种作物上使用对重金属积累迁移无规律性;柑橘果实中重金属铜、铅虽能检出,但与对照差异不大,也无超标,其他重金属均无检出,这说明柑橘果实中重金属积累迁移也无规律性。至于长期施用后,是否会产生一定影响、积累的速率如何,有待进一步试验研究,加以检测与验证。

3. 沼液肥对农作物产量的效果

沼液对不同农作物都有增产效果。在一般情况下,沼液通过灌溉或叶面喷施的效果,农作物产量较对照组可分别提高 8.59%~9.81%。但是,不同发酵原料的沼液对不同种类农作物产量的增长效果不完全相同。由表 3-3 可知,沼液与化肥搭配使用增产效果较好,原因可能是搭配使用后,营养元素更加均衡,尤其是氮素供应充足后产量明显增加。同时,随着沼液量的增加,增产效果也趋于上升,可能是因为氮素会挥发和融入水分下渗流失,及时补充沼液会弥补氮素含量。沼液中的微量元素和生长激素也会对农作物的生长有促进作用。

作者在浙江省宁海县 2009~2011 年,分别于水稻、西瓜、柑橘 3 种作物上进行沼液灌溉对比试验,同样表明,沼液灌溉能提高作物产量,试验结果见表 3-4、表 3-5、表 3-6、表 3-7、表 3-8 所述。

表 3-3　沼液对农作物产量的影响

作物	发酵原料	施用效果
稻谷	猪粪	产量提高,最高组比清水和化肥实验组分别提高了 15.52% 和 9.93%
小麦	牛猪粪	叶面喷施沼液浓度为 65% 时效果最好,增产率高达 22.8%
黄豆	猪粪	豆荚增长变粗,肉质变厚,最高增产率达 48.7%
甘蓝	猪粪	沼液与化肥配合施用后,最高可比对照组增产 16%
小白菜	猪粪	各组施用沼液后都有增产效果,最高可达 98%
番茄	牛粪	单果最大增重 26.17%,番茄增产量最高可达 68.4%
柑橘	猪粪	300 000kg/hm² 沼液灌溉代替化肥时,最高增产率为 8.59%
梨	猪粪	沼液稀释 50 倍后叶面喷施,单果增重率达 9.55%

表 3-4　浙江省宁海县水稻沼液灌溉对产量的影响试验(1)

（单位:kg/亩）

处理	单季稻		早稻	晚稻	平均	比 CK±	增率(%)
	2009	2010	2010	2010			
A	462.5	482.7	265.4	270.8	370.35	−18.85	−4.84
B	539.6	531.3	276.3	261.3	402.13	+12.93	3.32
C	587.5	548.6	282.1	273.8	423.0	+33.8	8.68
D	525.0	526.5	245.8	259.6	389.2	/	/

表 3 - 5　浙江省宁海县水稻沼液灌溉对产量的影响试验(2)

处理	小区产量(kg)				亩产	比 CK±	增率
	I	II	III	平均	(kg)		(%)
A	26.0	26.6	27.6	26.73	1 113.8	+72.1	6.9
B	26.7	26.9	28.4	27.30	1 137.6	+95.9	9.2
C	27.0	26.4	29.7	27.70	1 154.2	+112.5	10.8
CK	25.0	24.2	25.8	25.00	1 041.7		

表 3 - 6　浙江省宁海县西瓜沼液灌溉对产量的影响试验

处理	小区产量(kg)				亩产	比 CK±	增减率
	1	2	3	平均	(kg)		(%)
A	219.0	210.8	237.0	222.3	2 470.0	-463.5	-15.8
B	248.5	264.0	291.5	268.0	2 977.9	+44.40	+1.5
C	256.0	268.0	296.5	273.5	3 039.0	+105.5	+3.6
CK	295.5	227.5	269.0	264.0	2 933.5		

表 3 - 7　浙江省宁海县 2009 年柑橘沼液灌溉对产量的影响试验

处理	果实直径 (cm)	果实厚度 (cm)	单果重量 (g)	单株只数 (个)	单株产量 (kg)	每亩产量 (kg)	比 CK 增产 (kg)	增率 (%)
A	6.34	4.86	102.75	284	29.3	1 758.0	12.0	0.69
B	6.43	5.00	114.0	271	30.2	1 812.0	66.0	3.78
C	6.13	5.17	105.5	335	31.6	1 896.0	150.0	8.59
CK	6.13	4.83	109.75	267	29.1	1 746.0		

表 3 - 8 浙江省宁海县 2010 年柑橘沼液灌溉对产量的影响试验

	处　理	A	B	C	D	CK
产	单株果数(只)	297	391	402	486	322
	单株重量(kg)	29.3	32.5	37.5	38.9	32.19
量	大区产量(kg)	879.0	975.0	1 125.0	1167.0	965.8
	亩产(kg)	1 758.0	1 950.0	2 250.2	2 334.0	1 931.4

注:A、B、C、D 为试验小区编号

4. 沼液肥对农作物品质的影响

农作物中的维生素、糖分、蛋白质、硝酸盐和矿物质等都是评价农作物品质的因素,维生素 C 是农作物中特有的物质,人体不能合成,需要从果蔬中摄入,因此,维生素 C 的含量是评价作物的重要指标。糖分和可溶性糖是影响口感的主要因素,这对果蔬非常重要,也是后续营养变化的重要影响因素。蛋白质含量也是评价谷物的重要因素,蛋白质高的谷物营养价值也随之升高。

表 3 - 9 沼液灌溉对农作物品质的影响

作　物	施 用 效 果
水　稻	施加沼液后,蛋白质含量大于 9%
玉　米	籽粒的蛋白质和脂肪含量均呈上升趋势
黄　豆	维生素 C 和蛋白质含量均有提高
芹　菜	可显著提高维生素 C 含量,一次施用 900mm 做追肥,还原糖含量比只施化肥提高 51%,硝酸盐下降 32%
小白菜	维生素 C 含量增加 74.27%,还原糖含量增加 34.11%
柑　橘	60 000kg/hm² 沼液灌溉时,总糖比化肥对照组提高 0.6%,总酸下降 0.262%,果实糖酸比明显提高
鸭　梨	沼液稀释 50 倍后喷施叶面,还原糖提高 17.71%,总糖提高 4.55%

根据各地检测，如表 3 - 9 所述，施用沼液后大多作物的品质有所提升，稻谷和玉米的蛋白质含量均有提高，果蔬中的维生素 C 含量也有不同程度的提升，糖分含量也分别提高 0.60% ～ 17.71%，其中追肥和施加叶面肥对农作物的品质提升有很好的作用。然而，沼液施用存在一定的阈值，不同农作物对沼液的耐受值也不相同，在合理范围内施用沼液时，对农作物的各类营养成分均有促进作用。

浙江省宁海县于 2009 年、2010 年在大棚西瓜、柑橘上进行试验同样证明，沼液灌溉能有效地提高这两种作物产品的品质（表 3 -10、表 3 - 11、表 3 - 12）。

表 3 - 10　浙江省宁海县 2009 年沼液灌溉对大棚西瓜品质的影响试验

处理	CK			A			B		
测定日期 月/日	5/27	6/2	平均	5/27	6/2	平均	5/27	6/2	平均
瓜皮厚度 cm	0.8	1.2	1.0	0.93	1.2	1.065	0.9	1.04	0.97
中心糖°B	10.6	10.5	10.55	10.9	11.28	11.09	10.83	10.43	10.63
边糖°B	6.45	6.8	6.63	6.68	7.68	718	6.58	7.18	6.88

表 3 - 11　浙江省宁海县 2010 年沼液灌溉对大棚西瓜品质的影响试验

处理	大棚西瓜			露地西瓜		
	瓜皮厚度 cm	中心糖度 °B	边糖度 °B	瓜皮厚度 cm	中心糖度 °B	边糖度 °B
A	1.2	11.15	7.8	1.1	11.7	7.6
B	1.15	11.3	7.95	1.2	11.8	7.07
C				1.2	11.67	6.83
CK	1.3	11.3	7.35	1.27	11.07	6.5

注：A、B、C 为试验小区编号

表3-12　浙江省宁海县2009~2010年沼液灌溉对柑橘品质的影响试验

年份	检测项目	A	B	C	D	CK
	果皮厚度(cm)	0.37	0.37	0.31		0.39
	果肉(g)	74.8	86.5	85.54		79.73
	果皮(g)	27.94	27.5	21.96		30.02
	合计(g)	102.74	114.0	107.5		109.75
2009年	果肉占比(%)	72.81	75.88	79.18		72.65
	维生素C(mg/100g)	26.1	9.6	24.5		28.1
	总糖(%)	10.5	10.8	9.5		9.9
	总酸(g/kg)	6.72	6.96	6.03		9.34
	可溶性固形物(%)	12.13	12.63	11.03		11.63
	果皮厚度(cm)	0.37	0.35	0.35	0.33	0.38
	果肉(g)	94.5	86.0	101.5	84.0	93.0
	果皮(g)	27.5	25.0	28.5	22.5	27.5
	合计(g)	122.0	111.0	130.0	106.5	120.5
2010年	果肉占比(%)	77.46	7.45	78.08	78.87	77.18
	维生素C(mg/100g)	16.98	8.96	15.57	15.17	13.68
	总糖(%)	9.56	9.02	9.81	9.49	9.00
	总酸(g/kg)	4.86	6.43	6.43	6.7	5.62
	可溶性固形物(%)	12.80	11.60	12.54	12.54	12.10

注：A、B、C、D为试验小区编号

5.沼液肥安全风险评价

(1)土壤和农作物。沼液中含有丰富的养分,灌溉后会提高土壤整体的养分含量和肥力,但畜禽养殖废水中含有重金属和抗生素,厌氧发酵后会残留在沼液中。沼液作为液体肥料是否会污染土壤是沼液资源利用的关键。沼液进入土壤后,使土壤中重金属含量增加。随着 pH 值、时间、DOC、Eh 的变化,沼液作为有机肥进入土壤后会不断分解,会将重金属离子分离下来,形成易被植物吸收的形态,对土壤和农作物质量产生影响。

沼液中水还田过程中,Cu、Zn 的含量明显升高,其他重金属含量也有增加。过量的沼液施用会造成土壤中的重金属积累。有研究表明,沼液处理后的水稻重金属含量与空白对照组相差不大,在高沼液用量时,小白菜中的重金属含量相对于低沼液用量时有显著提高,但并未超标。与化肥相比,虽然沼液中的重金属含量较低,但沼液的施灌量往往要大于化肥用量,从而带入土壤—农作物系统中的重金属含量增高。由此看出,适量的沼液灌溉对农作物安全没有太大影响,但高强度的施灌水平仍存在重金属在作物中累积的风险。重金属含量的结果与养殖类型、方式、饲料、沼液的发酵原料和土壤的自净能力有关,虽然并未显示沼液灌溉会对土壤产生明确的重金属沉积,但仍存在污染风险。

(2)水环境。厌氧发酵后的沼液中存在氨氮和磷酸盐,沼液中水还田后通过土壤中水分的转移,对周边地表水和地下水都有潜在的污染风险。沼液中的氨氮在土壤的硝化细菌作用下会形成硝态氮,硝态氮会随土壤中的渗滤液流入下部水层,对地下水造成污染,引起水体的富营养化。同时如果硝化反应不完全时,会产生亚硝酸盐,会对动物和人体产生不良影响。有研究指出,土壤中积累的 NO_3-N 在降水或灌溉的作用下,会不断向下淋洗,直至污染地下水。

稻田进行沼液消解,范围为 $135\sim540kg/hm^2$,稻田水中的氨氮含量升高,但土壤渗滤液中氮含量变化很小,年安全容量为 $540kg/hm^2$。采用杂交狼尾草盆栽实验发现,沼液灌溉的适宜强度为沼液的质量分数不超过 50%,此时渗滤液中的总氮、氨氮、硝态氮的含量均在安全范围。

(五)沼液肥使用注意事项

根据上述各种情况,以及作者多年的试验研究,沼液肥在施用过程中要特别注意以下几点。

1.不要出池后立即施用

沼肥还原性强,立即施用会与作物争夺土壤中的氧气,影响种子发芽和根系发育,导致作物叶片发黄、凋萎。一般先在储存池中存放5~7d后施用。

2.要对水追施

沼肥不对水直接施在作物上,尤其是用来追施幼苗,会使作物出现灼伤现象。沼肥作追肥时,要先对水,一般对水量为沼液的一半。

3.注意施用方法

沼液肥施于旱地作物宜采用穴施、沟施,然后盖土,不然会灼伤作物。

4.不要过量施用

施用沼肥的量不能太多,一般要少于普通猪粪肥。若盲目大量施用,会导致作物徒长,行间荫蔽,造成减产。

第五节　畜禽粪污饲料化处理与利用

一、畜禽粪便的营养价值

经过加工的动物粪便,其外形、气味和味道均佳,基本消除了原来粪便所具有的特征。动物粪便中的粗蛋白含量几乎比动物采食的饲料中的粗蛋白高出50%(如鸡、兔粪),另外,还富含许多其他养分,如多种必需氨基酸、粗纤维、钙、磷及其他矿物质和微量元素、各种维生素等,而粪便中的大多数维生素(如维生素B)含量,均高于它们所采食的基础饲料,动物粪便中的蛋白质其中一部分是肠道生物合成过程中的微生物,对瘤胃微生物区系有很高的生物学价值。大量研究证明,从蛋白质质量的角度看,一些动物粪便,尤其是畜禽粪便可以代替非常有价值的蛋白质饲料,如大豆粉、花生粉、棉籽饼等。尽管如此,由于粪便中可消化能一般较低,从而使其营养水平只相当于豆科牧草的等级,但通过适量搭配能量饲料,如谷类、糠麸类、糟渣类、多汁饲料等,完全可以配制出营养丰富的各类畜禽饲料。

从表3-13可看出,粪便的营养价值随畜禽日粮成分与种类、畜种、环境及管理等因素而变化。而营养水平、畜禽种类是决定粪便营养价值及加入日粮数量的最重要因素。肉用仔鸡粪含粗蛋白33%左右,每100kg干鸡粪相当于15kg麦粉精料;猪、牛、兔粪便的营养成分也很高,如表所述,据试验,干猪粪中粗蛋白一般在19%左右(变幅11%~30%),干牛粪粗蛋白含量达17%,干兔粪中粗蛋白含量一般在13.5%~26.3%。因此,畜禽粪便无害化处理后作为再生饲料使用有其广阔的应用前景。

畜禽粪便用作饲料的例子很多。如:鸡粪可以喂猪、牛、羊、兔、鱼、鸡,效果均比较明显;牛粪含水量高,营养价值低于鸡粪,可与其他青贮饲料混喂为好;猪粪可通过干燥后喂反刍动物,搭配使用;兔粪可用作鸡、鱼的饵料。

表3-13　畜禽粪便营养价值表

（单位:%）

	类型	干物质占比	粗蛋白	粗纤维	总消化养分	钙	磷	灰分	粗脂肪
鸡	肉用仔鸡粪	87	33.0	11.0	70	2.6	1.9	12.0	1.8
	后备鸡粪	85	24.0	16.0	62	2.6	1.9	18.0	
	产蛋鸡粪	75	25.0	17.0	40	5.0	2.1	25.0	2.3
	肉用仔鸡添草	86	27.2	25.0	54	1.3	0.9	17.0	2.3~3.8
	后备鸡添草	78	20.0	25.0	44	2.9	1.8	20.0	—
干牛粪		90	17.0	38.0	45.0	0.4	0.7	9.0	6.05
干猪粪		90	19.0	17.0	45	3.5	2.6	17.0	11.12
干兔粪		90	13.5~26.3	16.6~31.3	—	1.10	0.88	7.02	4
黄玉米		86.5	9.6	1.77	—	0.03	0.28	—	4.1
大　豆		86.2	36.9	6.0	—	0.24	0.67	—	15.4

二、畜禽粪便饲料化利用的主要方法

（一）用新鲜粪便直接作饲料

这种方法主要适用于鸡粪。由于鸡的肠道短，从吃进到排出约 4h，吸收不完全，所食饲料中 70％左右的营养物质未被消化吸收而排出体外。在排泄的鸡粪中，按干物质计算，粗蛋白含量为 20％～30％，还含有微量元素和一些未知成分。因此，有人利用鸡粪代替部分精料来养牛、喂猪。但是这种方法存在一定的问题，如添加鸡粪的最佳比例尚未确定，鸡粪中含有病原微生物、寄生虫如何限制使用等。

（二）青贮

畜禽粪便青贮优于其他方法，简便而经济，而且青贮后能提高适口性。不仅可防止粗蛋白损失，还能转化部分有效蛋白，适宜于饲喂反刍家畜和猪，但不宜喂兔。青贮容器可利用青贮塔、青贮窖、塑料袋等。当用畜禽粪便与饲草、水果和蔬菜废料、块根作物、谷物等混合青贮时，以非豆科饲草的效果最佳。青贮时要创造良好条件，含水量宜 40％～75％，有丰富的可溶性碳水化合物加以补充如添加糖蜜、谷实类等。另外还需添加一些碱性物质，以降解纤维素、木质素，提高饲草动物青贮料的消化率。

发酵约 10d 后，pH 值可降为 4.5～5.2，含 2％～8％乳酸和 1.1％～1.7％醋酸（以干物质计）。一般需 21d 后可启用青贮料。一些常用的青贮配方有：

（1）按粪便占 62％，垫料 31％，另加其他外来物料，如饲料、羽毛等混合青贮。或用 30％～40％的鸡垫草和 60％～70％的碎青绿饲草混合、压紧、密封青贮。

（2）用笼养蛋鸡粪 30％，玉米碎粒 50％，肉鸡垫草 20％，另加适量糖蜜和乳酸菌培养液混合青贮。

（3）用鸡粪便与作物残茬或玉米、高粱秸秆（含水分 40％）以 35∶65 比例混合青贮。

（4）用占 50％营养水平的牛粪和玉米秸秆搭配青贮。此青贮适于喂饲反刍动物。

（三）干燥法

干燥法是饲料化常用的处理方法。一般有机械干燥、舍内干燥、自然干燥等。干燥法处理粪便的效率最高，而且设备简单、投资小。粪便经干燥后转变成肮粉，可制成高蛋白饲料，这种方法既除臭又能彻底杀灭虫卵，达到卫生防疫和生产商品饲料的要求。目前由于大批量处理时仍有臭气产生，需通过添加含有光合细菌等有益微生物进行发酵处理，才能取得较好的效果。

目前，一般做法是：湿粪经 70℃ 12h，140℃ 1h，180℃ 0.5h，加热至粪便含水量降至 $15\%\sim25\%$ 时即可。现多采用在鸡笼下加速通风或机械搅拌，在鸡舍内直接干燥粪便的方法，此法既可改善舍内环境，又可提高鸡的生产性能。小型养殖场可将收到的粪肥撒在水泥地面或塑料薄膜上，在阳光下暴晒，当水分降至 13% 以下时，贮存备用。

干燥后的粪便应磨碎以便和其他饲料充分混合使用。

此外，还有化学处理法、鸡垫草堆垛处理法、发酵法等，目前已不常用，主要是其处理后的粪便作饲料安全性不够。

（四）生物学法

主要是利用粪便培养蝇蛆和蚯蚓，用作高蛋白饲料。

1.蝇蛆培养法

蝇蛆即为家蝇幼虫（*Musa domestica* L.），无头和足，色白。蝇蛆以畜禽粪便、麦麸、各种腐烂的秸秆、菜叶、豆饼等有机质为食，生长繁殖极快，人工养殖不需很多设备，室内室外、城市农村均可养殖。蝇蛆蛋白质是优质蛋白，不仅是优质饲料，还可提取蛋白粉、开发高级营养品、航天食品、药品等。生产无菌蝇蛆，可带动家禽家畜饲养业，推动种植业、衍生出饲料加工、工业提炼、医药制造、食品加工等一系列的场办企业。目前，蝇蛆最直接的用途还是作为饲料直接饲喂猪、鸡、鸭、鱼等常规品种，而且还是虾、蟹、鳗、黄鳝、美国青蛙、牛蛙、七星鱼、斑鱼、龟等特种动物最好的活饵料。

蝇繁殖能力强,生产蛋白潜力大。据估计,一对苍蝇一年可繁殖10～20代,4个月可产2660亿个蝇蛆,累计生产纯蛋白达600t以上。因此,开发蝇蛆作为新型饲料蛋白源是缓解我国当前水产饲料蛋白原料缺乏的途径之一,且培育成本低、周期短。

蝇蛆培养步骤:

发酵粪料→送入蝇蛆房→堆成条状→放上集卵物→产卵后覆盖卵块→保水保温育蛆→自动分离→收取成蛆→综合利用→铲出残粪→重复循环生产。

(1)粪料配方和发酵。配方1:新鲜猪粪(3d以内的)70%,鸡粪(7d内的)30%;配方2:屠宰场的新鲜猪粪100%;配方3:猪粪60%,豆渣30%,糠10%;配方4:鸡粪70%,酒糟30%。发酵方法:粪料1t,保健液20kg,玉米粉5kg,在发酵池内与粪料和匀,盖上塑料膜封严,经1～3天发酵后即可使用(夏短冬长)。

(2)把发酵好的粪料送进蛆房,在每个池中堆放3条,每条长0.8m,宽0.2m,高0.15m。进粪的时间为:冬春季节为每天8～9点,夏秋季为16～18点。

(3)在粪堆上放上集卵物,每条放三小堆。集卵物的配方是:以100kg粪料计算:麦麸1kg,鱼粉100g,花生麸150g,水1.5kg。混匀后就可放在粪堆上。放上集卵物以后,就禁止在蛆房中走动。

(4)在正常情况下,放上集卵物后,苍蝇就会云集在集卵物上产卵,在傍晚20点时用少量的集卵物把裸露在外面的卵块覆盖,蝇蛆养殖技术提供。

(5)在室温25～35℃,卵块一般在8h后孵化成小蛆,这时如果发现粪堆太干燥,洒上少量的水。小蛆先会把集卵物吃掉,然后钻入粪堆成长;孵化后24h,先前放整齐的粪堆已被蛆吃爬得散开了。这时要注意保持粪堆的水分,当发现粪堆有干燥情况时就要及时加水,这时加水最好是用保健液处理后的猪圈水,添加水的幅度以不见有水流出粪堆为佳;随着蛆不断长大,粪堆已经完全蓬散,在蛆孵化出来72h后,一些先成熟的蛆开始爬出粪堆,掉进收蛆桶中,72～96h 是爬出的高峰期,这时要一天两次把被蛆爬散的粪堆堆放成一个大堆,目的是清理保持不让散粪堵塞住池边,让蛆顺利爬进收蛆桶中。一般放进粪后的第 4 天,粪堆里面的蛆已基本爬完了(少量未爬完出来的铲出后堆放在养鸡的地方让鸡帮助清理剩下的蛆),铲出残粪,重新放入新发酵的粪,循环生产。每天上午 10 点时,要求用 50 倍的保健液稀释对蛆房的所有地方进行喷雾一次,以达到消除臭味和灭菌的目的。

(6)每天要分两次收取收蛆桶中的蝇蛆,分别为 8 点和 17 点。收蛆时先戴一个皮手套,然后抓取即可。蝇蛆可以不经过消毒即可直接饲喂经济动物。

2.蚯蚓培养法

蚯蚓培养主要采用蚯蚓堆肥(Vermicomposting)法,是指在微生物的协同作用下,利用蚯蚓自身丰富的酶系统(蛋白酶、脂肪酶、纤维酶、淀粉酶等),将有机废弃物迅速分解转化成易于利用的营养物质,加速堆肥稳定化过程。

蚯蚓种类很多,全世界约有 2700 多种,我国有 160 多种,其中应用最广的是赤子爱胜蚓(*Eisenia foetida*)。用蚯蚓堆肥法处理工艺简单、操作方便、费用低廉、资源丰富、无二次污染,而且处理后的蚓粪可作为除臭剂和有机肥料,蚯蚓本身又可提取酶、氨基酸和生物制品。蚓粪用于农田对土壤的微生物结构和土壤养分可产生有益的影响,提高作物产量和土壤中的微生物量。蚯蚓堆肥法在农村地区推广应用前景良好。

(1)品种选择。蚯蚓属环节动物门、寡毛纲,为陆栖无脊椎动物。目前广泛推广应用的主要有赤子爱胜蚓属的"大平二号"。

赤子爱胜蚓分类上属正蚓科,爱胜蚓属,属于粪蚯蚓。个体较小,一般体长 90～150mm,宽 3～5mm。性成熟时,平均每条鲜体重 0.50g。生殖带在 X 节,体色为紫红色,尾部浅黄色。卵包较小,呈椭圆形,两端延长,一端略短而尖,每个卵包内有 3～4 条幼蚓,少则 2 条,多则 8 条。这种蚯蚓喜欢吞食各种牲畜粪,倾肥性强,在腐熟的肥料堆或纸浆污泥中可以发现,适合于人工养殖。

"大平二号"由日本人前田古彦利用美国的红蚯蚓和日本的花蚯蚓杂交而成,一般体长50～70mm,体腔直径3～6mm,个体大的体长可达90～150mm,成蚓体重0.45～1.12g。体上刚毛细而密,体色紫红,但随饲料、水分等条件改变体色也有深浅的变化。这种蚯蚓除体腔厚,肉多,寿命长,能适应于高密度饲养外,还有繁殖率高,适应能力强,易于饲养等优点,非常适合人工养殖。

(2)蚯蚓的生活习性及所需的环境条件。①温度。蚯蚓是变温动物,体温随外界环境温度的变化而变化。环境温度不仅影响蚯蚓的体温和活动,还影响其新陈代谢、生长发育与繁殖等,而且温度也对其他生活条件产生较大的影响,从而间接影响蚯蚓生长。一般来说,蚯蚓的活动温度在5～30℃范围内,0～5℃进入休眠状态,0℃以下死亡,最适宜温度20～27℃,此时能较好地生长发育和繁殖,28～30℃时,能维持一定的生长,32℃以上时生长停止,10℃以下时活动迟钝,40℃以上时死亡,蚓茧孵化最适为18～27℃。②湿度。蚯蚓没有特别的呼吸器官,它是利用皮肤进行呼吸,躯体必须保持湿润。如果将蚯蚓放在干燥环境中,蚯蚓的皮肤经过一段时间就不能保持湿润,就不能正常呼吸而发生痉挛现象,不久就会死亡。蚯蚓体内水的成分较大,占体重的75%以上,因此,防止水分丧失是蚯蚓生存的关键。蚯蚓喜食细、烂、湿的饲料,尤其是它要靠皮肤吸收溶解在水中的氧气。因此,保持一定的水分供应对蚯蚓特别重要。其生育环境的最适湿度为70%～75%。③pH值和盐度。蚯蚓对酸碱都很敏感,因为其体表各部分散布着对酸、碱等有感受能力的化学感受器官,蚯蚓在强酸、强碱的环境里不能生存,但对弱酸、强碱环境条件有一定的适应能力。大平二号蚯蚓生长在pH值6～8的范围内较好,pH值7～7.5的范围产蚓茧最多。不同浓度的食盐溶液会造成蚯蚓的生长和死亡,养殖过程中要注意盐度对蚯蚓的影响,尤其防止农药、化肥等有害物质对蚯蚓的毒害。④通气与光照。蚯蚓是靠大气扩散到土壤里的氧气进行呼吸的。土壤通气性好,其新陈代谢旺盛。不仅产卵茧多,而且成熟期缩短。蚯蚓不能在二氧化碳、甲烷、氟、硫化氢含量高的环境中栖息,否则会逃亡甚至死亡,如北方为了保温,在蚯蚓养殖场室内烧火炉,由于管道漏烟气,致使蚯蚓大量死亡。在饲料发酵过程中,会产生二氧化碳、氨、硫化氢、甲烷等有害气体,达到一定浓度时就会毒害蚯蚓。试验证明:硫化氢超过 15％时蚯蚓会发生神经疾病而死亡;甲烷超过 15％时会造成蚯蚓血液外溢而死亡。蚯蚓尽管没有眼,但全身有感觉细胞,它对光十分敏感,能辨别强光与弱光。其感受范围从紫到绿,最敏感的是蓝光。蚯蚓用通过蓝色滤色片的日光照射 3h 后即死亡,用通过橙色滤色片的日光照射 2～3d 天后才死亡。蚯蚓怕直射光,强光下 10min 即死亡。所以养殖场地应避免太阳光直射,最好在室内饲养并点亮一盏红色日光灯。⑤密度。养殖密度的大小在很大程度上会影响环境的变化,从而影响蚯蚓产量及成本。若放养密度小,虽个体生存竞争不激烈,每条蚯蚓增殖倍数大,但整体面积蚯蚓增殖倍数小,产量低,耗费的人力、物力较多;若放养密度过大,由于食物、氧气等不足,代谢产物积累过多,造成环境污染,生存空间拥挤,导致蚯蚓之间生存竞争加剧、生殖力下降、病虫害蔓延、死亡率增高等。因此,掌握最佳的养殖密度是创造最佳效益的一大关键。一般情况下,以箱式养殖放养在 $1m^3$ 面积,25cm 高的培养基中可放养密度为:种蚓 1.5 万～2 万条;孵出至半月龄,可放养 8 万～10 万条;半个月到成体可放养 3 万～6.5 万条。若增大养殖密度,就会限制蚯蚓正常生长发育和繁殖,产量就会降低。所以在养殖蚯蚓时适时扩大养殖床,调整养殖密度,取出成蚓,这是提高产量的有效措施。⑥食物。食物是影响蚯蚓长期而关键因素。食物不足会使蚯蚓间竞争激烈,特别是在高密度养殖情况下,个体间对食物的竞争加剧,导致生殖力下降、病虫害蔓延、死亡率增加。食物对蚯蚓的影响,不仅表现在数量上,而且还体现在食物质量上。例如以畜粪为食的蚯蚓,它们所生产蚓茧数,比以粗饲料为食的同种蚯蚓要多十几倍到几百倍;以腐烂或发酵过的,动物性有机物比植物性有机物的饲喂效果好;喂含氮丰富的食物(如畜粪)比含氮少的食物(如桔秆)使蚯蚓生长繁殖更好些。蚯蚓系杂食动物,许多有机废弃物均可作为它的饲料。它喜食蛋白质、糖分,特别是喜食腐烂的东西,不喜食含单宁和酸质多的食物。如赤子爱胜蚓,以牛粪、马粪或泥炭为食物的,与以垃圾、麦秸、堆肥等为食物的相比,其产卵数后者是前者的1/10,差别很大。

(3)饲料的配制与投喂。①饲料种类。蚯蚓主要以腐烂的有机物为食。除生长着的植物有机体外,任何畜禽粪便、酿酒、制糖、食品、有机废料(如蔬菜下脚、剩余饭菜、米汤、废血、鱼内脏)、酒糟、蔗渣、锯末、麻皮、废纸浆、食用菌渣、垃圾以及昆虫的幼虫、卵、动物尸体、各种细菌、真菌都可作蚯蚓的饲料。"大平二号"宜选发酵腐熟的畜粪、堆肥等这些蛋白质、糖源丰富的饲料,尤其是腐烂的瓜果、香蕉皮之类甜香味食物,更易被其选食。蚯蚓饲料一般可分为基础饲料和添加饲料两种:基础饲料是长期栖息和取食的饲料,添加饲料则作为补充。无论是基础还是添加饲料,在堆制发酵前都必须进行加工。饲料发酵方法较多,但一般多采用堆沤的方法,堆沤时必须具备:通气良好;水分充足;微生物数量充足、碳素和磷钾营养丰富;饲料堆温度适宜,一般保持在20~65℃。②饲料配方。蚯蚓的饲料配方和调制方法种类很多,农户可按科学养殖要求和原料供应情况灵活掌握,实际配方可参阅专业书籍。③饲料堆放与投喂。蚯蚓养殖之前要先做好饲养床。如采用木箱等植物容器养殖的,放料高度一般为20~45cm;如平地养殖,发酵好的饲料在平地上要堆成宽40~60cm、高20~50cm的规格,呈半圆柱形,长度不限。饲料投喂方法一般有轮换堆料法、表面投料法、侧面补料法、下层投料法和穴式补料法,比较多用的是表面投料法、侧面补料法、下层投料法。其中表面投料法,就是把饲料盖铺在原有已被蚯蚓吃完的饲料上,每10~15d进行一次,当观察到饲料已经粪化时即把新饲料撒在原饲料上面,厚度以5~10cm

为宜;侧面补料法是将原饲料集中一边,空出的地方加入新饲料,1～2 天后蚯蚓逐步转入新饲料中,待大部分成蚓进入新料时,将蚓粪取出过筛;下层投料法适于新设饲料床,即将新料铺入殖床内,若用此法补料,可将原料铺新饲料上面,利于蚓卵孵化和通风透气。

(4)蚯蚓的养殖方式与设施。①盆养。可用花盆(23cm×20cm)来养殖,先在盆内装 1/3 菜园土,再加入 0.5～1kg 腐熟的牲畜粪,拌均匀,浇水后,放入种蚓 50 条,经常浇水保持湿润,水分含量为 60%左右,上面可用花盆倒过来盖在上面,2 个月左右,蚯蚓就产卵,孵化出大量幼蚓后,即可分盆养殖,每 2 个月可分盆 1次。②箱养。利用旧木箱(40cm×60cm×20cm)养殖,箱内先装入 10cm 厚的菜园土,然后再入 10cm 厚的腐熟的马粪或牛粪,还可掺入 20%的木屑。饲料水分 60%,浇水后放入蚓 100～200 条,养殖 2～3 个月后,出现大量幼蚓后,即可分箱养殖。蚯蚓养殖箱可作为家庭有机废物垃圾箱,可将烂番茄、烂菜叶、西瓜皮直接投入箱内,利用蚯蚓处理有机废物,化废为肥,蚯蚓粪无臭无味,可用来栽各种花卉和蔬菜等用。③砖池养殖。在室内外均可利用砖池养殖蚯蚓,砖池长 2m×宽 1m×高 0.2m,在养殖床内放入腐熟的牲畜、秸秆堆肥,并可加入 20%木屑,拌匀后浇水使饲料含水分 60%左右,然后放入种蚓 1 000～2 000 条,当蚯蚓产卵,孵化出大量幼蚓时,可采用分段加入新料诱蚓分池养殖。④平地堆肥养殖。在室内外可进行。腐熟堆肥的宽度为 80～100cm,长度 2～3m,浇水使饲料水分在 60%～70%。接种蚯蚓 1 000～2 000 条,3 个月左右,当蚯蚓大量繁殖后及时分池养殖。一般可 1 个月加料一次,保证有足够的饲料才能繁殖得快。⑤地槽养殖。可选择房前屋后、地势高不积水的地方进行。挖 1 条地槽,宽 1m,长 3～4m,深度为 30～40cm,底层放入 10cm 厚堆腐的树叶或秸秆,并加入20cm 腐熟的牲畜粪,拌匀后,调节 C/N 比例,浇水后,每平方米放入种蚓 100～200 条,表层可用麦秸和稻草覆盖,经常浇水以保持湿润,并注意防止鸡吃食,以免影响蚯蚓繁殖。当蚯蚓大量繁殖后,可分段分收作为家禽的蛋白饲料。⑥地里养殖(双重利用)。可选择靠近水源的自留地里进行养殖,同时种植蔬菜、饲料作物等。畦长 2～3m,宽 60cm,中间挖一条宽 20cm,深 20cm 的沟。然后将腐熟的牲畜粪或农家肥施入沟中,浇水后放入种蚓,每平方米200 条,表层可用麦秸或稻草覆盖保湿,当蚯蚓大量繁殖后即采收成蚓,作为家禽的蛋白饲料。第二季蚯蚓沟与农作物地交换位置,在饲养过蚯蚓的地带种植作物,在种植作物地带同样挖沟施肥养殖蚯蚓,长期反复,改造良田。⑦工厂化养殖。一般采用木架或铁架。分 4 层,每层可放塑料箱或木箱 2 只(箱长 65cm、宽 46cm、高15cm),箱内放 7.5kg 腐熟的饲料,含水分在 60%～70%,放入种蚓300～500 条,蚯蚓产卵繁殖大量幼蚓后,即行分箱养殖。⑧石棉瓦大棚养殖。采用石棉瓦大棚养殖蚯蚓。单个棚长 30m,宽 7.0m,高为 2.5m,全以木桩构造,周围用石棉瓦圈围;大棚内中间为作业道1.4m,两侧为养殖床,床宽为 0.8m,高为 40cm。

(5)蚯蚓养殖的日常管理。①适时添料。蚯蚓食性广,但饲料一定要完全腐熟,且"适时"添料。"适时"指蚓床还有二成饲料时采集蚯蚓后添料。添料可成梅花形,料堆之间留 5～8cm 空隙,添料前要先浇水。添料时用稀释后的 EM 液喷洒在畜粪上、蚓床饵料上,既可除恶臭,抑制有害细菌繁殖,减少虱、蝇的侵害,又能使蚯蚓吞食 EM 发酵过的畜粪等有机垃圾后,促使有益菌落在其体内繁殖,增强其抗病能力,加速生长并提高繁殖率。②保湿通气。蚯蚓床是养育蚯蚓的场所,要十分重视保湿,注意通风换气。可使用弓形矮棚;或可扎草笼透气,用稻草或玉米秆两头扎成周长40～50cm 的圆柱,放在蚓床中央,蚓床上均盖二层薄膜夹一层草帘。③增温降温。冬季养殖要采取增温措施,办法是覆膜或搭架覆膜;夏季养殖要采取降温措施,可采取搭棚遮阴、蚓床盖草、浇水降温等措施。

(6)蚯蚓病虫害防治。蚯蚓是一种生命力很强的动物,常年钻在地下吃土,疾病很少,只有几种,而且都是环境条件或饲料条件不当人为造成的。①饲料中毒症。蚯蚓局部甚至全身急速瘫痪,背部排出黄色体液,大面积死亡,这是新加的饲料中含有毒素或毒气所造成的。解决办法是:迅速减薄料床,撤去有毒饲料,钩松料床或加入蚯蚓粪吸附毒气,引导蚯蚓潜入底部休息。②蛋白质中毒症。蚯蚓的蚓体有局部枯焦,一端萎缩或一端肿胀而死,未死的蚯蚓拒绝采食,有悚悚战栗的恐惧之感,并明显出现消瘦。这是由于加料时饲料成分搭配不当引起蛋白质中毒。饲料成分蛋白质的含量不能过高(基料制作时粪料不可超标),因蛋白质饲料在分解时产生的氨气和恶臭气味等有毒气体,会使蚯蚓蛋白质中毒。发现此症后要迅速除去不当饲料,加喷清水,钩松料床。③缺氧症。蚯蚓体色暗褐无光、体弱、活动迟缓。发病原因可能是:粪料未完全发酵,产生了超量氨、烷等有害气体;环境过干或过湿,使蚯蚓表皮气孔受阻;蚓床遮盖过严,空气不通。发现情况后,查明原因,加以处理。如撤除基料,继续发酵,加缓冲带;喷水或排水,使基料土湿度保持在30%～40%,中午暖和时开门开窗通风或揭开覆盖物,加装排风扇等。④胃酸超标症。蚯蚓痉挛状结节、环带红肿、身体变粗变短,全身分泌黏液增多,在饲养床上转圈爬行,或钻到床底不吃不动,最后全身变白死亡或出现体节断裂。发病原因是:蚯蚓饲料中淀粉、碳水化合物或盐分过多,经细菌作用引起酸化,使蚯蚓出现胃酸超标症。处理方法是:掀开覆盖物让蚓床通风,喷洒苏打水或石膏粉等碱性药物中和。⑤水肿病。蚯蚓身体水肿膨大、发呆或拼命往外爬,背孔冒出体液,滞食而死,甚至引起蚓茧破裂或使新产的蚓茧两端不能收口而染菌霉烂。发病原因是:蚓床湿度过大,饲料pH值过高;解决办法是:减小湿度,把爬到表层的蚯蚓清理到另外池里,在原基料中加过磷酸钙粉或醋渣、酒精渣中和酸碱度。

　　除此之外,蚓体还会出现其他异常现象。如痉挛状结节,变粗而短,环节红肿,全身黏液分泌增多,蚯蚓变白而死亡。原因是蚯蚓吃了有毒的饲料,如在畜粪堆附近喷过农药,蚓床上浇了污染的水,在蚯蚓暂养育壮处曾堆放过化肥、农药,运送蚯蚓的容器接触过有毒物品,以及暂养蚯蚓放在薄膜上又不漏水,喂的饲料太潮,蚯蚓生活的环境过分潮湿,气温高时出现蚓体变白,少数死亡。如因毒害出现这些情况,可采取多次喷水,让有害物质随水洗掉。过分潮湿也会造成蚓体变白,可添加发酵过的干畜粪或精饲料,与原有潮料和蚓粪拌和,并将薄膜取出,如发现已有少数死亡,即搬入蚓床饲养,以使尚能活动的蚯蚓恢复健壮。

(7)蚯蚓的采收。蚯蚓的合理采集原则是抓大留小,即多数已性成熟的蚯蚓采集出大部分。当床内蚯蚓大部分体重达 $400\sim500mg$ 时,且每平方米密度达 1.5 万～2 万条时,即可收取一部分成蚓,收取方法有下列几种:①水取法。利用蚯蚓怕水淹的特点,用大量的水灌入土块或土坑,迫使蚯蚓爬到地面上来,然后加以捕捉,收捕完毕后迅速排干水,以利继续养殖。②光取法。利用蚯蚓怕光的特点,将养殖蚯蚓的容器,放到阳光照晒,蚯蚓钻入底部聚焦成团,然后将容器翻转倾倒,即可收集到成团的蚯蚓。③诱捕法。将蚯蚓喜欢吃的饲料装入带孔的容器内,放入蚯蚓养殖床,蚯蚓的嗅觉很灵,大约 7d 后可收取大量蚯蚓。④筛取法。将养殖床内的蚯蚓和蚓粪分批倒入在直径为 3mm 的筛上,振动过筛,蚓粪、卵包和幼蚓通过筛孔漏下,然后收捕筛上的成蚓。⑤电热收取法。可用理发师用的电吹风机,来回在养殖床和容器上吹动。由于热风和声音的影响,蚯蚓往底层钻,然后逐层刮出蚓粪,或倒转容器,均可收取大量成蚓。⑥向下翻动驱赶法。在养殖床表面,用多齿耙疏松表面的床料,等待蚯蚓往下钻后,用刮取表面的蚓粪,反复进行疏松床料和刮取蚓粪,最后蚯蚓集中在底层,达到收捕成蚓的目的。

此外,科学的规模化、专业化养殖蚯蚓,还要做好种性提纯复壮、种蚓管理、生产设施管理、蚓粪利用等有关工作。

第四章　农资废弃物处理与利用

第一节　农资废弃物的现状与危害

一、农药包装废弃物现状与危害

农药是现代农业生产的基本生产资料。农药包装废弃物是指在农业生产中产生的、不再具有使用价值而被废弃的农药包装物，包括用塑料、纸板、玻璃等材料制作的与农药直接接触的瓶、桶、罐、袋等包装物。随着农药使用范围的扩大，使用时间的延长，农药包装废弃物成为不可忽视的农业生态污染源。

（一）农药包装废弃物处理现状

目前用于农药包装的材料有玻璃、塑料、铝箔，其中塑料瓶占50%［主要包括PE（聚乙烯）瓶、PET（聚酯）瓶和多层复合高阻隔瓶］。据了解，PE瓶在水剂、乳油农药包装及叶面肥包装中的使用量很大；PET瓶气密性佳、耐有机溶剂，可用于甲醛、二甲苯、丹酮等做溶剂的高渗透农药；多层复合高阻隔瓶的基本材料是PE，中间加有一层黏合剂，克服了单层PET瓶易渗水、不耐DMF（二甲基甲酰胺）的缺点。这些都不属于可降解材料，有些甚至需要上百年的时间才能降解。其长期存留在环境中，会导致土壤受到严重化学污染。此外，废弃的农药包装物上残留的不同毒性级别的农药本身也是潜在的危害。

目前，全国每年农药需求总量30万t左右，农药包装废弃物达1.5万t，由此每年产生的农药包装废弃物约有32亿个。尽管国家已出台相关规定，明确农药包装物可作为再生资源利用，但我国的农药包装废弃物管理尚存在制度模糊、前后脱节的问题,因此农民长期以来也就养成随手丢弃的习惯。农户处理废弃的农药包装物主要有3种途径:一是习惯性地将农药包装物随意丢弃,散落于田间地头、河流山岗,这无疑会对生态环境造成污染,从而影响到农产品质量,给人、畜带来安全隐患;二是将塑料瓶集中起来,卖给废品站,但是这些装过农药的塑料瓶在没有进行专业处理的情况下,其再生品一旦与人直接接触将会带来极大的风险;三是少量农户将玻璃瓶、铝箔袋集中起来填埋、焚烧。这几种处理方式都不科学,都存在安全隐患。

另据调查显示,目前大多数农户对农药包装物处理方式是随手扔于田间地头(占 94%),少数农户扔于附近垃圾堆(占 5%~6%);大田埂平均每百米有包装物 1~2 件,小田埂每百米有包装物 0.3~0.5 件。农忙时分,在一块不到 5 000m² 的田边,农药包装废弃物就有 10 余种 40 多个,而且大多数农药包装废弃物内还有残留药物。

(二)农药包装废弃物的危害

1.农药包装物自身的危害

(1)农药包装废弃物造成"视觉污染"。其散落在农田、地头、河流、池塘边等处,构成了无数个大大小小的污染源,造成严重的"视觉污染"。

(2)农药包装废弃物难以降解。农药包装物多以玻璃、塑料等材质为主,这些材料在自然环境中难以降解。一些含高分子树脂的塑料袋更不易降解,其被埋在土壤里,在自然环境下可残留 200~700 年。这给土壤环境造成了化学污染残留,极大地影响着农作物生长。

(3)农药包装废弃物在土壤中形成阻隔层。形成的阻隔层会影响植物根系的生长扩展,阻碍植株对土壤养分和水分的吸收,从而导致田间作物减产。有资料显示,塑料残留量达 15kg/亩,可使油菜、小麦、水稻分别减产 54%、26%和 30%。

（4）农药包装废弃物影响农事操作。农药包装废弃物在耕作土壤中会影响农机具的作业质量；进入水体易造成沟渠堵塞；破碎的玻璃瓶还可能划伤下地作业的农民和耕牛，给人畜生命安全带来隐患。

2.农药包装废弃物内残存农药对环境的污染

一些农药包装废弃物都残存有农药，这些农药随包装物随机移动，对土壤、地表水、地下水和农产品等造成直接污染，并进一步进入生物链，对环境生物和人类健康都具有长期和潜在的危害。

二、农膜等废弃物现状与危害

（一）白色污染的定义

白色污染是指白色塑料制品的污染。塑料制品是一种高分子聚合物，不易降解，人们随意抛弃在自然界中的废旧塑料包装制品（如塑料袋、塑料薄膜、农用地膜、快餐盒、饮料瓶、包装填充物等）飘挂在树上，散落在路边、草地、街头、水面、农田及住宅周边等，给周围环境和景观带来了很大影响。这种随处可见的污染现象称为"白色污染"。

（二）农膜废弃物处理现状

随着经济社会的发展，科学技术的进步，人们的物质文化生活水平不断提高，塑料制品的用量与日俱增，塑料工业获得了迅速发展，它已与钢铁、木材及水泥并列成为四大支柱材料之一。全世界塑料消费量在逐年增加，到 2016 年预计超过 5 亿 t，我国塑料消费总量至 2000 年已超过 970 万 t；2010 年人均塑料消费量达到 46kg，相比五年前增长 1 倍多，超过同期 40kg 的世界人均水平，我国已成为世界上十大塑料制品生产和消费国之一。在此背景下，农用塑料薄膜的用量也呈现逐年增加趋势：我国农膜的覆盖面积 1990 年为 328.7 万 hm^2，1995 年为 420 万 hm^2，1997 年达 466.7 万 hm^2，2000 年覆盖面积已达 1 033.2 万 hm^2，农膜用量达 42 万 t，2010 年达 1 800 万 hm^2，农膜用量达 220 万 t，居世界第一。

　　如此巨大的农膜消费量,其回收率却相当滞后。从目前情况看,农用薄膜一次性使用后,大多废弃遗留在农田中,未实施统一有效的处理,因而对农田造成了严重污染。为有效避免"白色污染"的危害,人们设法寻找塑料替代物,"以纸代塑"就是其中之一,20世纪80年代,德国环保局曾就塑料袋和纸装进行综合对比研究,从产品生产到消费的全过程进行综合评价,纸在生产过程对环境的污染远大于塑料,且价格和节约资源方面,塑料优于纸。因此,寻找塑料的替代物以减少环境污染为时尚早。

　　(三)农膜废弃物危害

　　使用农用地膜,可有效控制土壤的温度和湿度,减少水分与养分流失,促进农作物稳产高产,从而增加农业生产效益;但同时也对农田带来严重污染。由于地膜是一次性使用,在自然界中很难降解,回收率极低,易造成污染。其主要表现为"视觉污染"和"潜在危害"。

　　1."视觉污染"

　　大量的农膜废料丢弃在田间地头,很多飘散于村道和民居附近,造成农村绿化带植物白色化、民居周边废旧塑料膜成堆、田埂沟渠阻塞,严重影响周围环境美观,破坏了村容村貌与田间景观带。

　　2."潜在危害"

　　(1)对农业生产影响。废弃的塑料膜多为分子量数万至数十万的聚乙烯,可在土壤中形成隔离层,使土壤中的水、气、肥等流动交换受阻,造成土壤结构破坏,危害生态系统平衡,污染土壤和地下水,并导致农作物减产。

　　(2)污染水体危及动物安全。飘浮在陆地或水体上的废弃农膜制品,被动物当做食物吞入,会引起牲畜的消化道疾病,甚至导致死亡。

　　(3)焚烧处理造成二次污染。废弃农膜塑料焚烧时,会产生大量黑烟,而且还会产生毒性物质"二噁英"。它进入土壤中,至少15个月才能逐渐分解,会危害动植物,对动物肝脏及脑有严重损害作用。

（4）作为生活垃圾难以处置。大量废弃农膜进入生活垃圾,导致生活垃圾难以处置:填埋作业仍是我国目前处理生活垃圾的主要方法。但由于农膜塑料密度小、体积大,它能很快填满场地,降低填埋场处理垃圾的能力,而且填埋后的场地由于地基松软,垃圾中的细菌、病毒等有害物质很容易渗入地下,污染地下水,危及周围环境。

（5）火灾隐患。废弃农膜制品几乎都是可燃物,在天然堆放过程中会产生甲烷等可燃气体,遇明火或自燃易引起火灾事故,时常造成重大损失。

（6）使臭氧层变薄。农膜等包装废弃物经过太阳的照射而把其中大量的毒物排入大气层,大气层上面是臭氧层,这样使臭氧层的气体逐渐变薄。

三、物流包装废弃物现状与危害

（一）物流包装物现状

随着经济社会发展,物流业应运而生,物流包装物数量越来越多,其中80%为一次性使用,目前,无论是城市或乡村,物流业都没有建立完善的包装回收体系,未经处理的包装废弃物随意丢抛,带来了环境污染问题,如何有效地回收处理,成为环境整治中一个急需解决的问题。

（二）物流包装废弃物危害

物流包装废弃物同样要污染水体、土壤、空气,严重的会危害人类健康,引发生物灭绝。它在堆放或填埋时,未作任何与水体隔绝的处理措施,有毒物质会通过雨水渗透到水体之中,污染地下水;其中的重金属元素,如砷、铅、汞、铜等进入土壤后,会被农作物吸收,还会引发酸雨,导致臭氧层破坏,危害人体健康;堆放在城市周边的物流包装废弃物,占用了大量耕地,会产生有毒气体,一些城市还在露天焚烧,产生和释放有毒化学气体,特别是二噁英,会使人消瘦、肝功能紊乱、神经损伤和诱发癌症,会使一些动物和植物濒临灭绝。

第二节　农资废弃物处理与利用

农资废弃物处理是一个系统工程,它涉及农资生产和经营企业,更涉及广大农村的千家万户。要保障农业生产安全,农药必不可少,农药小包装受欢迎的现象使得农药包装废弃物的产生量也会随之增多。随着政府和公众对食品安全、环境保护意识和关注度的不断提高,以及推进农业农村可持续发展的需要,农业面源污染正成为农业环境治理的重点领域,农业废弃物管理逐渐引起政府和公众的重视。近年来,国内外有关农资(农药、农膜等)废弃物的处理和利用得到了加强,相关的技术研究也不断涌现。

一、国内外农药包装废弃物管理与处理情况

1. 国外农药包装废弃物管理情况

国外对农药包装物的回收处理有立法强制执行。如巴西、匈牙利等国由行业倡导执行,加拿大、美国实行行业倡导与国家监管并行。巴西国家农药工业协会(ANDEF)自 1993 年就开始倡导并组织对农药包装物的管理,该协会联合了巴西 99％生产厂家、经销商和种植户共同致力于该国农药包装物的回收处理,并向他们提供资金和技术支持,2008 年全年回收空农药容器 24400t。巴西的农药包装物回收是立法强制执行的,法律规定种植者(农药使用者)必须将包装物清洗干净后送到接收站,农药经销商负责检查核对种植者的移交凭证和购买发票,并负责建设、管理接收站,生产厂家协同经销商、政府共同对农药消费者进行技能培训,所出产农药标签必须注明空容器的处理方法,并提供回收站的空容器转运、回收等处理服务。加拿大联邦政府要求农药标签标明空容器是可回收的,必须送至收集站。该国农药生产企业提供的农药绝大部分使用 10L 塑料瓶灌装,并按每个包装袋 0.54 加元(1 加元约合 6.4 元人民币)向国家缴纳回收处置费,种植者将空农药容器清洗干净后上交,塑料瓶由处理商集中后切碎处理,粒状塑料用于制造高速路栏杆或能量利用。目前,加拿大农药生产企业自行回收了将近70%流入市场的农药容器,每年投入大约400万加元。比利时是世界上农药包装物回收比例最高的国家,2004年回收率达到92.0%。该国集中在每年的9~11月喷药期过后由专门公司承包负责全国范围内农药包装物的回收,并对回收物按金属罐、纸、纸板等类型分类收集,注册收集时将回收的包装物分成危险、非危险两大类垃圾,并监督相应的授权公司将回收材料循环利用或焚烧进行能量回收。总之,成功的回收计划必须符合当地政府、企业和种植者等各方的利益,各国的回收体系不一:美洲、澳大利亚、西欧等国家和地区普遍实行种植者清洗彻底后分类回收,进行物质或能量再利用,填埋或焚烧处理在澳大利亚新南威尔士州和英国(英格兰和威尔士)等地方是非法的;而亚洲和非洲国家对回收品普遍实行填埋或焚烧处理。

2.国内农药包装废弃物开展的尝试性处理情况

目前,我国每年农药需求总量30万t左右,农药包装废弃物达1.5万t,由此每年产生的农药包装废弃物约有32亿个。近几年我国也开始尝试着各种方案对农药包装废弃物进行管理,准备探索一条符合我国国情的农药废弃物处理技术体系。

上海市在崇明县已探索实施《崇明县废弃农药包装物回收处置方案》,于2009年出台了《上海市农药包装废弃物回收和集中处置的试行办法》,该办法规定了各行政村指定专人收集、乡镇布点回收、委托专业处理公司负责转运和集中处理,通过组织保障、资金落实、考核机制等措施,建立包装物有偿回收和委托专业公司集中处置的制度。北京市通州区于2009年启动农药包装废弃物回收处理项目,通过有偿置换,三个示范点在半年内回收32.6万个农药包装废弃物,有效地改善了当地农村生态环境。北京市植保站制定了《北京市农药包装废弃物回收运行管理办法(试运行)》,进一步规范了农药包装废弃物的回收处理程序。截至目前,北京市通州、大兴、昌平、延庆、房山、顺义、平谷区已建立43个农药包装废弃物回收点,共累计回收和销毁 217.1 万个废弃包装物,总重约 16.6t,有效减少了废弃包装物残留农药对农村环境的污染。在此基础上,北京市将进一步引导农民树立主动回收意识,探索并逐步带动非示范区乃至全市,建立起农药包装废弃物回收处理的长效机制。

浙江省宁波市在积极探索农资包装物回收处置工作中,也积累了不少经验和成功做法,出台了《宁波市农资包装废弃物回收处置管理办法(试行)》,走在全省前列。宁海县做法是:"市场主体运作,政府适度补助"。县内有二家废旧农资回收处理厂,在县农业行政主管部门协调下,全县设立若干个废旧农资回收网点,由工厂和农资经营企业(或网点)签订代收协议。农资经营点负责回收,废旧农资企业负责加工处理,回料产品转销后用于生产蔬菜育苗营养钵、塑料穴盘、抛秧盘等,双方各负其责,相互管监制约,政府按实际回收数量给予补助,资金纳入每年的财政预算,同时在全社会做好宣传教育工作。鄞州区做法是:全区"统一回收、集中处理"。各镇乡设立 20 个农资包装废弃物集中收集点,1 200 多个基地站点,落实专职人员 356 人,通过政府购买服务,实现 95% 以上的无害化处理;在工作措施上采取:政策保障,落实专项经费;统一处置创新管理手段;监管考核,工作职责到位;营造氛围,加强宣传教育。

为探索符合我国国情的农药废弃物处理技术体系,中国和德国政府在谋求合作,在双方共同努力下,同意实施农药废弃包装物回收处置试点工作,由德方提供 256 万欧元支持,中方配套 1200 万元人民币,在湖北、江苏、吉林 3 省的 15 个试点县,开展农药废弃包装物回收处置试点工作。

二、农膜废弃物处理

治理"农膜等塑料废弃物污染"的主要途径有两种:回收利用废塑料和开发降解塑料,其中回收利用有直接利用和化学回收。

目前,使用量最大的几种塑料制品是:①聚乙烯(PE)。主要用于制造地膜、塑料袋、塑料瓶等;②聚丙烯(PP)。主要用于制造编织袋、打包带、仪器表盘等;③聚苯乙烯(Ps)。主要用于制造发泡后的泡沫塑料(PSF),用于包装防震和餐具;④聚氯乙烯(PVC)。主要用于做管材、板材和盆、桶、鞋底等生活用品。

(一)回收利用塑料

1.直接回收利用

直接回收利用就是将收集的废塑料清除杂物适当破碎再进一步处理。此法工艺简单,废塑料不必严格分类,且处理过程中不会造成二次污染。

(1)制新型建材。将废塑料除杂后,破碎成小块,添加不同的填料,使用不同的黏结剂,模注成一定形状的建材,可作护栏、人工岛礁及墙体砌块等。如果利用 PSF 则得到轻质建材,其绝热、隔音性能良好,价格仅传统混凝土建材的一半。

(2)热分解回收低分子化合物。热分解是将废塑料置于无氧或低氧条件下高温加热分解,温度超过 600℃ 热分解的主要产物是混合燃料气,既可有效利用资源,又不会带来二次污染,且工艺简单、价格低廉。我国目前已研制出利用回收的 PE、PP 塑料生产无铅汽油、柴油技术,尤其是废 PVC 利用此法最合适,市场上出售的农用盆、桶等产品多为废 PVC 的回收利用产品。

(3)燃烧回收热能。废塑料燃烧值很高,燃烧时释放大量热能,如 PE 的燃烧值为 46.6GJ/kg,PP 44 MJ/kg,PS 46 MJ/kg,而木材的燃烧值仅为 14.65 GJ/kg,与燃料油的平均热值 44MJ/kg 相当。废塑料燃烧产生热能,可作工厂的热源,用于发电或冬天取暖。优点是可处理大量的废塑料,效率高;缺点是燃烧过程中产生大量有害气体,如二氧杂环乙烷、酸性化合物、一氧化碳等,会污染环境。因此在焚烧时,要考虑到气体排放的处理,不能造成对大气的二次污染。当今西欧、日本处理废塑料多采用此法。

(4)一般性再利用。废塑料再利用可分为简单再利用和复合再利用。简单再利用是把单一品种的废塑料直接循环利用或经过简单加工加以利用,如农膜、包装袋等;复合再利用是以混合废料为原料,再加其他配料制成成品出售。在我国经济发达地区,将废塑料加工成半成品或成品的居多。

2.化学回收利用

化学回收就是将废塑料进行清理分类,经一定化学反应使其转换成新的产品或化工原料以达到回收利用的目的。这是废塑料回收利用最合理的途径,也是各国专家研究的重点。化学回收利用废塑料的方法有:溶解制涂料或黏结剂;热分解制溶剂,燃料油或回收单体;再生造粒回收原料。

(1)溶解制涂料或黏结剂。将回收的 PSF 清理、除杂、破碎,溶于适当溶剂,得 PS 胶,加改性剂使其分子由非极性改性成为极性,再加填料、颜料及增塑剂等,经高速分散或砂磨,即可得合格涂料。根据要求,采用不同配方,可得到防水防潮涂料、真空电镀底漆、防腐防锈涂料、建筑涂料及黏结剂等。利用 PSF 制涂料或黏结剂,非常重要的一步是对 PS 进行改性,选择合适的改性剂。

(2)热分解制溶剂、燃料油或回收单体。热分解(或称热裂解)是将已清除杂质的废塑料置于无氧或低氧的密封容器中加热,使其分解为低分子化合物。PVC 不宜采用热分解处理,因 PVC 加热会产生大量的 HC1 气体。如果选用适当的催化剂,可在 $200\sim300℃$ 进行催化裂解,且可提高液体产物的得率。美国、西欧等国,将废塑料部分加入石油炼炉与石油一起炼制,取得了节省石油资源和环境保护的双重效益。

3.再生造粒回收原料

将收集的 PSF 除杂及消泡处理,加入溶剂(PSV∶溶剂=1∶3),搅拌,使 PSF 溶解,静置分离杂质及水分,于 60℃ 加碱性皂水洗涤去油污,用水清洗,得 PS 胶。目前我国每年尚需进口 121 PS 树脂数十万 t,如能回收废 PS 造粒再用,则可减少进口;但是,回收的 PS 珠粒发泡不够理想,需加入一定的新料后可解决发泡问题。

(二)开发降解塑料

在农膜的生产上,国内外专家已经探索开发可降解塑料用以取代通用的非降解塑料。可降解塑料是既能保持普通塑的良好性能,又能在一定的自然条件下降解成不污染环境的低分子化合物的"自毁性"塑料。降解塑料主要用于生产地膜、编织袋、打包带、购物袋、餐具及包装填料等一次性塑料产品,目前我国已有 90 条生产线,每年生产 10 万 t 降解塑料。

降解塑料按其分解机理可分为光降解塑料、生物降解塑料、双(光/生物)降解塑料。

1. 光降解塑料

光降解塑料是构成塑料化合物的大分子,在光线(主要是紫外光 UV)作用下逐步降解成小分子,最后以无害的二氧化碳和水回归环境的塑料,按其制备方法可分为共聚型和添加型两种。

(1)共聚型光降解塑料。此光降解塑料最早是由杜邦公司开发的 PE 与乙烯基酮的共聚物,可增强 PE 的光降解性。后来开发出 PP、PS、PVC 等与聚酰胺(PA)的共聚物都具有光降解性。欧美等地区 PE 降解塑料已广泛用作地膜、食品袋和垃圾袋等。

(2)添加型光降解塑料。此光降解塑料是在塑料中加入光敏剂和促进剂等。光敏剂吸收光线后产生自由基促使高分子材料发生氧分反应而达到分解。典型的光敏剂有芳香酮、芳香胺、乙酰丙酮铁、硬脂酸铁、二茂铁衍生物等。在 PE、PP、PS、PVC 等塑料中添加这些光敏剂都可制成光降能塑料。

2. 生物降解塑料

生物降解塑料在自然界微生物作用下能分解成对环境无不良影响的低分子化合物的塑料,有结构型、含无机盐型、淀粉填充型等 3 种类型。

(1)结构型光降解塑料。它是在塑料中加入高分子聚合物和聚酯类化合物,使塑料的高分子具有被微生物分解的结构,从而被微生物吸收消化,达到完全降解的目的。

(2)含无机盐型降解塑料。将 $CaCO_3$、滑石粉等无机盐加入聚己内酰胺而形成添加物,将其加入塑料中而制成生物降解塑料。聚己内酰胺可被一些微生物分解,在土壤中还原成 CO_2,使塑料被生物降解。

(3)淀粉填充型塑料。淀粉在自然环境中具有代谢循环的性质,将它以适当形式添加在塑料中,赋予塑料的生物降解性。这是国内外研究最广、工艺较成熟的一种降解塑料,也是我国目前使用最多的一种降解塑料。

3.双(光/生物)降解塑料

近年来,在光降解塑料与生物降解塑料的基础上,人们把注意力转向了既可光降解又可生物降解的"双降解塑料"的研究上。双降解塑料含有多种有利于生物活性的化合物,它易被真菌和细菌吞食。如在农田中应用的双降解膜,受到阳光照射后会发生降解,其降解产物又进一步被微生物降解。据报道,北京塑料研究所的"北京双解膜1♯"经过 3 个月暴晒,其失重率达 86.12%,说明其降解的彻底性好,且对壤和农作物无毒无害。

三、物流包装废弃物处理

物流包装废弃物尽管不是直接意义上的农牧废弃包装物,但其将直接或间接影响到农牧业生产和农业生态环境,因此要重视物流包装业标准化,合理选择物流包装原材料,改进物流包装设计,更新工艺设备,降低包装成本,采用新型代用品,减轻污染,强化质量管理;推行物流包装绿色化。防止过度包装,废弃品再生回收,能降低生产成本和能耗;完善相关法律法规。这需要政府的不断重视和大力扶持,学习发达国家经验,健全法律法规体系,以创造良好的发展环境。

第五章　农产品加工废弃物处理与利用

农产品加工废物是来自农产品加工过程中产生的废物,为农业废弃物的一种。包括粮棉油籽壳、制糖业废渣、中药材加工、肉食加工品、罐头食品加工废物等。这类废弃物大多可综合利用,成为许多工业品的原料。

第一节　粮食作物籽壳废弃物与开发利用

一、稻谷籽壳

稻谷在加工生产中会产生大量谷壳,约占稻谷总产量的20%。目前,全世界年产稻壳60Mt以上,中国是世界上最大的水稻生产国,2014年产稻谷1.72亿t,产出谷壳达3440万t,其热值为12 560~15 070kJ/kg,约为标准煤的1/2、柴油的1/3,而价格仅为标准煤和柴油的1/6,按12 560kJ/kg左右计算,相当于1 465万t标煤。

长期以来,国内外对稻壳的综合利用进行了广泛研究,获得了许多可利用的途径,但真正能够形成规模生产、大量消耗稻壳的利用途径并不多,或是经济效益不显著、增值不大,或是在工艺、技术、质量、环境污染等方面还存在一些问题。因此,许多地方把稻壳视为废弃物,这不但浪费了资源,而且也污染环境。合理利用稻壳,变废为宝,意义重大。

稻壳的主要成分主要有水分、粗纤维、木质素、粗蛋白、多缩戊糖、乙醚浸出物、灰分等(表5-1)。

表 5-1　稻壳主要化学成分

成分	水分	粗纤维	木质素	粗蛋白	多缩戊糖	乙醚浸出物	灰分
质量分数 %	7.5~15.0	35.5~45.0	21.0~26.0	2.5~3.0	16.0~22.0	0.7~1.3	13.0~22.0

稻谷壳完全燃烧后,大部分有机物被烧掉,只保留灰分,典型的谷壳灰化学成分为:SiO_2 92.15%;Al_2O_3 0.41%;Fe_2O_3 0.21%;CaO 0.41%;MgO 0.45%;Na_2O 0.08%;K_2O 0.31%;烧失量 2.77%。而且谷壳含硫、含氮量都不高。每吨稻谷壳燃烧后可产生约 200kg 的稻谷壳灰。

目前,稻壳主要用作燃料,在工业上应用一般分为两类:一类是利用其中的纤维素、半纤维素、木质素,由此生产多种有价值的化工产品;另一类是利用其富含 SiO_2 的特性,再由 SiO_2 制得一系列化工产品。随着科技进步,稻壳的工业应用途径已越来越广。稻壳利用途径见图 5-1 所示。

(一)能源化利用

稻壳发热量为 12.5~15.1kJ/kg,2t 稻壳相当 1t 标准煤的发热量。通常燃烧 1kg 稻壳可产生 2.1~2.7kg 的蒸气,2~3kg 稻壳可发 1 度电;通过生物技术,稻壳可以水解发酵生成乙醇,作为石油的代用品,是一项值得开发的能源。

1.直接作燃料使用

(1)传统方式。稻壳作燃料是一种最古老、最普遍的利用方法。在水稻产区,在煤气还不发达的年代,民间多用稻壳烧水做饭,或用来烧制砖瓦、烧锅炉、烘干谷物。

(2)现代方式。①最新开发的稻谷壳高效低污染燃烧——流化床分级燃烧:是一种以流化床燃烧为主,辅之以悬浮燃烧和固定床燃烧的组合燃烧式流化床锅炉,为配合三段组合燃烧,采用四段送风,即:流化床一次风、给料口稻谷壳播撒二次风、悬浮段二次

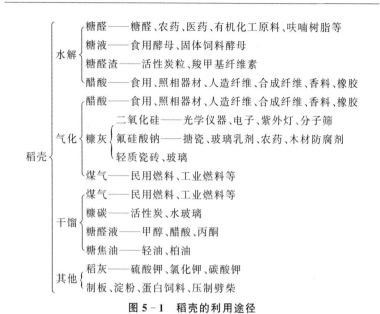

图 5-1　稻壳的利用途径

风和燃烬床稻谷壳燃烬三次风。②作为流化床煤燃烧的辅助燃烧。流化床煤燃烧 NO_x 排放量低,是一种最有前途的燃烧方式,但近年来发现其 N_2O 排放量却很高,比煤粉燃烧高得多,如何降低流化床煤燃烧的 N_2O 排放是世界上普遍关注的一个难题。而将稻谷壳与煤混烧可以作为降低 N_2O 排放的措施之一,且投资小,成本低,容易实现。

2.稻壳煤气

稻壳煤气,是指稻壳在空气受限制情况下进行燃烧时产生的一种混合气体。稻壳煤气通常是在发生炉中产生的,故又称之为发生炉煤气。在 20 世纪 20 年代,我国已有少数碾米厂以稻壳煤气为能源。30~40 年代稻壳煤气有了发展,以广东、江苏、浙江等省居多;50 年代初稻壳煤气又有新的进步。但当时的稻壳煤气发生炉比较简单,煤气机多为单缸卧式低速发动机,由煤气机主轴带动过桥轴驱动碾米设备。随后,由于电力和石油工业的发展,以及稻壳煤气净化技术不过关等原因,煤气机被电动机和柴油机所取代。70 年代以后,由于各种因素影响,特别是电力供应日趋紧张,稻壳煤气能源重新为人们所关注。

稻壳在发生炉内可分为四层:稻壳预热层、以燃烧反应为主的氧化层、以还原反应为主的还原层、稻壳灰层。稻壳在发生炉中的反应过程如下:空气进入发生炉内,与氧化层的稻壳接触进行燃烧产生大量热量,生成 CO_2（$C+O_2 \rightarrow CO_2$）。含有大量的 CO_2 气体在还原层与赤红的稻壳反应,还原为 CO（$CO_2+C \rightarrow 2CO$）。同时,水蒸气也加入反应,分解出一氧化碳和氢气（$C+H_2O \rightarrow CO+H_2$）。稻壳煤气成分分析如表 5-2 所示。其热量为 5 648～6 636J/m³。稻壳煤气用于发电我国起步较晚,但发展比较迅速,并产生良好的经济效益。2010 年 4 月,国内首座 100％稻壳燃料热电联产项目在江西省新干县实现并网发电,年发电量 4 200 万 kW·h,节约标准煤约 14 万 t,减排 CO_2 4 万 t。

表 5-2　稻壳煤气成分分析

单位:体积分数％

气　体	含　量	气　体	含　量
CO_2	4.2～7.7	CH_4	4.5～7.2
O_2	2.4～2.8	CO	22.7～25
H_2	4.8～7.8	N_2	54.5～56.4

3. 稻壳水解发酵生产乙醇

随着能源资源的日益减少和环境的不断恶化,寻求对环境友好的新能源替代品,走可持续发展道路已引起世界各国普遍关注。实施燃料乙醇计划对于发展国民经济、保障能源安全、改善环境空气质量等,具有十分重要的意义。

利用稻壳水解发酵生产乙醇的技术,现已取得重大进展。生产酒精的工艺流程是:原料→洗涤水解→蒸煮软化→糖化发酵→蒸馏→成品。

(1)洗涤水解。用以上原料时,因其中含有泥沙、石块等杂质,故应先用清水彻底洗涤干净,除去杂质,然后沥干水分。经粉碎机粉碎成1～2cm大小,然后用清水浸泡7d左右进行水解,也可向池中通入蒸汽加速水解。

(2)蒸煮软化。将浸泡好的原料捞出移入大铁锅中蒸煮,装料量占铁锅体积的1/3,加入清水,水面离铁锅沿15cm,随即向铁锅内徐徐加入浓硝酸,使锅内溶液的pH值达到5即止。然后紧盖锅盖加热煮沸,保持温度在105℃以上。煮沸1小时后向锅内加氧化钙,待溶液pH值为7时捞出熟料。

(3)糖化发酵。将捞出的熟料摊在水泥地上,等温度降至50℃左右时,即可拌入酒曲进行糖化发酵。把酒曲捣碎,用水调成糊状,按熟料与酒曲10:1的比例,充分搅拌均匀,然后倒入发酵池(大锅中的剩余溶液一并倒入,保持发酵温度30～35℃,经5d左右即可完成糖化发酵。然后从蒸馏管中收集蒸馏液,即为50%～60%的酒精。

(二)饲料化应用

1.统糠饲料

统糠饲料是70%～80%稻壳粉与米糠的脱合物,是一种营养价值很低的初级混合饲料。统糠的营养价值取决于米糠的比例,米糠比例大,营养价值就高,反之就低,稻壳粉在统糠饲料中只起填充物作用。

据有关单位研究和营养分析,稻壳粉的消化能、代谢能和可消化蛋白均为负值。稻壳粉的干物质中,粗蛋白、粗脂肪和无氮浸出物含量很低,粗纤维和灰分含量特别高,没有营养价值。其既不是能量饲料,也不是蛋白质饲料,不适于作配合饲料的主要原料。另外,由于灰分的成分大部分是硅酸盐,不易为畜禽消化利用,喂多了会影响畜禽对钙、磷的吸收,出现矿物质缺乏症。

但是,由于统糠饲料来源丰富,生产工艺设备简单,成本低廉,价格便宜,所以目前仍有部分地区农民用统糠饲料喂猪及家禽。此外,统糠饲料虽因粗纤维含量高不易消化,营养价值低,但粗纤维也是各种畜禽所不可缺少的,这是因为在饲料中有一定数量的粗纤维,是动物消化所必须的。粗纤维具有较强的吸附能力,有利于胃蠕动,在消化道中可吸附养分、消化酶和水分,从而有利于消化。其次,粗纤维也是畜禽小肠中淀粉酶、胰蛋白酶及大肠中脲酶的活化剂,所以目前许多日增重效果较好的配合饲料中仍含有5%~10%的统糠。

2. 稻壳膨化饲料

稻壳经膨化后做饲料,适口性和消化率都比原来好。操作方法是:取稻壳(含水量12%)500kg,加水50kg,搅拌均匀。另用电热器将密闭型膨化装置加热至200~230℃,然后将拌湿的稻壳连续加入膨化装置中,在压力平均为$1.5 \times 10^5 Pa$下压缩10s,然后瞬间解除压力,则可得到松软呈网片状的膨化稻壳500kg,膨化稻壳可直接与配合饲料配用,也可粉碎后混入饲料,掺水量以5%~20%为宜。

3. 稻壳颗粒饲料

在粉碎的稻壳内添加7.5%重量的蜂蜜和水,用制粒机制成直径为8mm,长7~20mm的圆柱形颗粒即为成品,其体积内为未加工稻壳的1/6。试验证明,这种饲料完全可以代替稻草喂牛,并且运输和贮藏方便,因而能降低饲养生产成本,喂给量一般控制在精饲料重量的20%以内。

4. 稻壳发酵生产饲料蛋白

当前,利用稻壳粉的新型方法是用生物发酵稻壳粉生产饲料蛋白。如今进行稻壳粉生产蛋白饲料的研究多以多菌种混合发酵为主,菌种大体可分为两类:一类为霉菌属,如黑曲霉属、木霉属等。个别具有分解木质纤维素的细菌、放线菌也具有应用价值。另一类为酵母属,主要有各种饲料酵母、产朊假丝酵母、热带假丝酵母、近平滑假丝酵母等。发酵方式主要有3种工艺体系:液态菌—菌体系;固态菌—菌体系和液态酶—菌体系。其中,同态发酵具有产率高、周期短、能耗低等特点,因而日益受到重视。北方民族大学刘雅琴、刘天霞、夏青柱等曾有相关试验和研究。

(三)材料化应用

1.农业上应用

(1)制备食用菌培养基,用来种植某些特殊作物如蘑菇等。

(2)用作土壤改良剂,可保持土壤的疏松性和透气性,对促进水稻机插秧苗根系发育作用十分明显。

(3)制作苗床,实现无土育苗,且无需封闭灭草,培育出的秧苗根多且长,便于幼苗起运。

(4)防虫除草,容易打乱昆虫正常的新陈代谢,致使昆虫死亡。

2.制备化学品

(1)制作糠醛和糠醇。

(2)制作木糖和木糖醇。

(3)用稻壳灰生产水玻璃、白炭黑和活性炭等化工产品。具有原料丰富、工艺简单、成本低廉、质量稳定等优点,适合乡镇采用,整个生产过程能最大限度地利用稻壳资源,而且不存在环境污染问题,包括生产水玻璃、黑色水泥、白炭黑、氟硅酸钠、锂离子电池炭负极材料等领域。

此外,一些日本企业利用稻壳制成化妆品,不但具有保湿作用,而且可清除肌肤上的污垢,对皮肤刺激小,抑制黑色素生成,减少皱纹和雀斑。

3.生物工程利用

稻壳特有的结构使其作为酶载体具有特殊功效。Tantrakul-siri 发现将稻壳灰放在马弗炉中以 700℃ 加热 2h,再用 10% 硫酸滤去其中的金属氧化物,耐热性可大大增加。此外,稻壳中还可提取一些生物抑制剂如木质素等。

4.环保领域应用

主要是制备吸附剂、去污剂、一次性环保餐具等,具有很大的市场前景。

5.建筑材料

(1)制取稻壳灰无熟料水泥,抗压强度大。

(2)制取稻壳灰水泥,减少碱集料膨胀。

(3)制取硅胶。

(4)制取免烧砖,不吸水、传热率低、不易开裂和膨胀,与水泥黏附性好。

(5)制取耐火砖、高强砖,绝热耐火。

(6)制取纤维板,可广泛用于室内装修。

(7)制取轻质隔热制品。

(8)生产不同性能的混凝土保温材料。

二、小麦

小麦收获后的废弃物主要为麦秆,其处理和利用方式与稻草的处理和利用基本相似。一般采用高留茬直接还田或粉碎还田。其加工副产品为麦麸、麦胚等,也可利用来加工成各种产品。

小麦的麦麸、麦胚出品率一般占总量的 15%～25%,加工利用主要集中在膨化麸皮饲料、木糖醇、麦麸面筋生产等领域。近年来,随着生物技术的兴起,研究人员先后开发了有关小麦加工副产品的新型利用途径,如制备低聚糖、麸皮膳食纤维、羟基肉桂酸低聚糖、戊聚糖等。实现对小麦加工副产品的综合利用,提高粮食生产效率和农副产品附加值。

(一)小麦副产品的常规利用

1.小麦活性膳食纤维的制备

在未加工处理前,小麦麸皮含有蛋白质、淀粉、脂肪和矿物质等成分,颗粒粒径较大,口感粗糙有涩味。因此,必须经过加工处理,改善小麦麸皮的适用品质和营养成分的活性,提高其感官质量和功能特性。制备小麦活性膳食纤维的工艺流程:麦麸→清理→水洗→酶解→脱色→浸泡冲洗→离心脱水→挤压蒸发→干燥→超微粉碎→麦麸纤维粉。

2.麦胚制品

采用特定工艺提取的麦胚制品用途很广,可用作食品添加剂改进谷物食品蛋白质有效比率(PER)。麦胚经过处理后成为麦胚制品,主要有 4 种形式:

(1)全脂麦胚。将纯麦胚或与谷物类粮食搭配。处理后香甜可口,是很好的健康食品。或干燥粉碎后成为全脂粉状麦胚,按一定配比掺入到面粉中,可制作各种类型的焙烤食品。

(2)小麦胚芽油。小麦胚芽的脂肪含量较高,可采用机榨法或浸出法制取。

(3)脱脂干燥麦胚。提取油脂后的麦胚,经烘烤干燥即成。

(4)酸化麦胚。将未脱脂或脱脂麦胚与水按 5∶4 混合后,在密闭容器中 40℃保温 4d,然后干燥粉碎即成。酸化后的麦胚有利于储存,且具有良好的烘焙性能。

3.小麦胚芽蛋白饮料

利用小麦胚芽,结合蛋白饮料的制作机理,采用萃取浸提技术提取蛋白液,经磨浆、均质、沉降分离等工艺制成一种口感清爽、香甜,且富有营养、易消化吸收的纯天然小麦胚芽蛋白饮料。但目前需解决萃取浸提时的温度、时间、pH 值及料水比对产品质量的影响,以确定生产小麦胚芽蛋白饮料的最佳条件,使小麦胚芽蛋白质和总固形物含量提高,含有多种氨基酸和维生素,消除小麦胚芽中的"生腥味"。

4.小麦胚营养调和油胶丸

小麦胚营养调和油胶丸属于高级保健食品,具有抗疲劳、抗衰老等多种功能。其加工制作的主要原料是月见草油和小麦胚油,同时配合多种维生素即可。其工艺流程如图 5-2 所示。

(二)生物技术在小麦副产品深加工方面的应用

1.小麦麸皮低聚木糖的制备

戊聚糖的主要成分是阿拉伯木聚糖,有葡萄糖、阿拉伯糖、木糖等,主要存在于小麦皮层中。因此,小麦麸皮是制备低聚糖的优

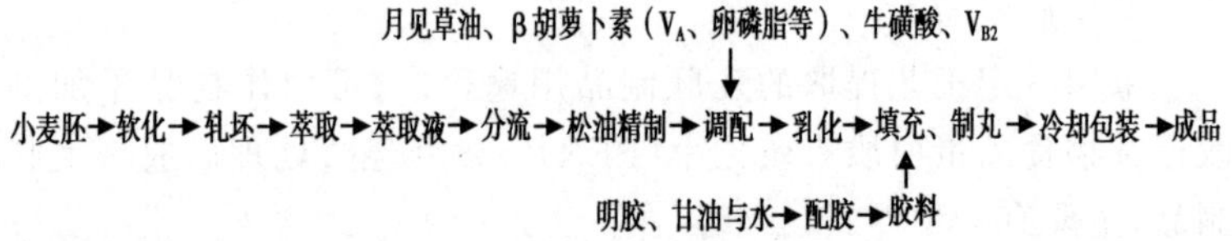

月见草油、β胡萝卜素（V_A、卵磷脂等）、牛磺酸、V_{B2}

小麦胚→软化→轧坯→萃取→萃取液→分流→松油精制→调配→乳化→填充、制丸→冷却包装→成品

明胶、甘油与水→配胶→胶料

图 5－2　小麦胚营养调和油胶丸工艺流程

质原料。我国对木聚糖酶的研究,主要集中在木聚糖酶的纯化和理化性质、产木聚糖酶优良菌株筛选和驯化、降解小麦麸皮蛋白质的综合利用等方面。国际上则日益关注利用微生物代谢木聚糖的酶系研究木聚糖,主要集中在酶的提纯、鉴定,微生物木聚糖酶的诱导和调节机制,木聚糖酶基因的分子克隆和表达等方面。

小麦麸皮是一种十分丰富的植物蛋白质资源,其蛋白质含量为 $12\%\sim18\%$。植物性蛋白质含有一些有生物活性的物质,具有非常重要的功能特性,在维持膳食营养平衡中起重要作用。因此,低聚木糖制备过程中,经蛋白酶处理后的麸皮蛋白质生成可溶性的肽及少量氨基酸,可进一步加工和利用。将这些小麦麸皮活性蛋白肽加到糖果、糕点、膨化食品中,可起到改善食品感官特性的作用,添加到饮料中可制成麦麸香茶营养保健饮品,也可将其提纯用于医药领域。

2.小麦胚深加工

小麦胚是小麦的生命中枢,占小麦籽粒的 2% 左右,因其富含多种营养成分而被营养学家誉为"人类天然的营养宝库",如矿物质、蛋白质、多种维生素、脂肪等,另外还含有一些微量生物活性物质。

小麦胚中的蛋白质含量为 $30\%\sim35\%$,是全价蛋白质。据资料报道,小麦胚各种蛋白酶的水解物对 ACE(血管紧张素转换酶)均有抑制作用,只是抑制作用的大小不同,其中抑制作用最强的为碱性蛋白酶水解物。由此说明,麦胚蛋白经各种蛋白酶水解均可产生 ACE 活性的肽片段,只是每种酶的特异性不同而产生不同种类和大小的肽片段,因而产生大小不同的抑制作用。同时说明ACE 是一种作用底物相对较宽的酶,通过对抑制效果较好的蛋白酶水解条件的优化,就可能生产出高活性的降压肽。

三、大麦

大麦是生产啤酒的主要原料,在生产啤酒过程中会产生许多副产品,如麦芽根、糖化糟液、啤酒废酵母、啤酒糟、残次酒、二氧化碳、废水等。

(一)麦芽根的利用

啤酒大麦芽干燥除根时可得占大麦投料量 3% 的麦根,在这些麦芽根中含有 $3'$-磷酸单(二)酯酶,$5'$-磷酸单(二)酯酶、核苷酸、脱氧核糖核酸酶等活性物质,因此,可利用麦芽根制成复合磷酸二酯酶糖浆和复合磷酸酯酶片等产品。

1.复合磷酸二酯酶糖浆的生产

麦芽根粉碎后用 $40\sim42$℃ 的热水浸泡 $2\sim4$h,加水比为1:10,保持浸泡液的 pH 值为 5.0 左右,离心或压滤得酶液,65℃ 以下真空浓缩。在每 0.7kg 的麦芽根浓缩液中添加 0.3kg 白糖、0.75ml 柠檬香精、尼泊金乙酯 0.125g、酒精 6ml 和适量的苯甲酸钠,所得产品为棕色糖浆状液体,味甜,pH 值 $4.5\sim5.0$,浓度22Be 以上。

2.复合磷酸酯酶片的生产

麦芽根粉碎后浸泡,加水比 $1:7.5\sim1:9.0$,温度 $20\sim28$℃,浸泡 $15\sim18$h,离心或压滤得酶液,加酒精,使浓度为 $72\sim75$ 度,酶沉淀压滤,40℃ 以下干燥,用淀粉、糊精、糖等辅料共同制粒,使得片剂酶活力大于 1 500U/mg,崩解合格。所生产的复合磷酸二酯酶糖浆和复合磷酸酯酶片对肝炎、破皮病、再生性障碍贫血、白血球减少等疾病有一定的疗效。

(二)啤酒糖化糟液的利用

所谓糖化糟液,是指啤酒厂在糖化糟液过程中产生的液体,它含有约 13.0g/L 的还原糖,总糖含量高达 26.0g/L,pH 值 6.0 左右。国内外对糖化糟渣的利用进行了许多研究。

1.发酵制柠檬酸

用啤酒糖化糟液可制造柠檬酸,方法是用 1mol/L 盐酸溶液调整糖化糟液的 pH 值至 5.5,以表面发酵法培养(黑曲霉 ATGC9142)温度 30℃,经 14d 发酵,可产柠檬酸 4.9g/L。采用液体深层发酵法,经 96h,也可获得柠檬酸 8.3g/L。

2.进行沼气发酵

啤酒糖化糟液的 BOD 值很高,对环境污染严重,采用嫌气性消化(沼气发酵),不仅可明显降低糖化糟液 BOD 值约 90%,还可产生沼气,可直接用来烧锅炉。

(三)残次酒的利用

在啤酒的生产过程中,往往会不可避免地产生一些残次酒,例如从酵母泥中回收的啤酒,过滤时回收的酒头、酒尾,灌装时拣出的漏气酒,在淡季库存过程中出现的浊酒、失光酒和酸度超标的酒。这些残次酒不能直接作为产品销售,如果不加以利用直接排入下水道,是十分可惜的。为此,可将这些残次酒经过工艺处理,制成营养饮料。

将各个工序过程中的残次酒集中回收到一个 4 000~6 000L 的小型贮酒罐,进入贮酒罐之前必须进行绢丝袋过滤和 71~78℃、10~15s 的高温瞬间灭菌或紫外灭菌,再经板式热交换器冷却到 8~9℃,暂存备用。

将一定量的软水加热到 100℃,按配方规定的量加入精白糖、甜菊苷和柠檬酸,并不断搅拌,以加速物料的溶解,再加入少许苯甲酸钠,待其溶解后,将所得糖浆趁热过滤,然后冷却到 10~12℃,将处理过的残次酒、糖浆、适量的柠檬油混合过滤,经板式热交换器冷却得到 3~4℃的混合液,再充入 CO_2 进行灌装,压盖后即为成品。所得产品的质量标准为:酒精量(w/w,%)不超过 1%,总糖(以葡萄糖计,g/100ml)3.5~4.5,CO_2(w/w,%)不低于 0.3%,总酸(以柠檬酸计,g/100ml)为 0.18~0.22,外观淡黄色,清亮透明,口感酸甜适宜,清凉爽口,卫生指标符合国家有关饮料标准的要求。

(四)二氧化碳的回收利用

二氧化碳是啤酒发酵的一项重要副产物,在主发酵过程中,二氧化碳大量集中地排出,生产每吨啤酒可产生 32kg 的二氧化碳,这种二氧化碳质量较好。经测定,二氧化碳含量为 99.2% ～ 99.5%,酒精 0.50% ～ 0.75%,挥发酸 0.05% ～ 0.07%,醛类 0.0005% ～ 0.0020%,因此,应考虑二氧化碳的回收利用。

回收的二氧化碳可用于啤酒生产的许多工序,如啤酒内二氧化碳可以缩短酒龄;利用二氧化碳洗涤嫩啤酒,在贮酒、滤酒、装桶及灌酒时,以二氧化碳作为背压,并于啤酒的输送过程中,利用二氧化碳的压力作动力,使啤酒不接触空气,另外,啤酒厂也可用二氧化碳生产汽水等产品。

(五)啤酒废酵母的开发应用

啤酒废酵母是指发酵后,不能再被用来作发酵菌种的废弃酵母,共主要成分是啤酒酵母,还含有少量的麦芽壳、大米碎片及酒花等。在啤酒废酵母中(干基),含有 50% 左右的蛋白质,6% ～ 8% 的核糖核酸(RNA),2% 的 B 族维生素,1% 的谷胱甘肽及辅酶 A,还含有氨基酸等多种营养成分。令人遗憾的是,我国目前绝大部分啤酒厂将啤酒废酵母直接排放或打入啤酒糟,以 0.20 元/kg 的低廉价格,卖给附近农民作饲料,这既成为江河、湖泊的一大污染源,又是一个不小的浪费。因此,对啤酒废酵母的研究和利用,应引起足够重视。

1. 生产蛋白饲料添加剂

我国是一个饲料,尤其是蛋白饲料严重缺乏的国家,每年都要花费大量外汇从国外进口鱼粉、饲料酵母等。啤酒废酵母生产蛋白饲料添加剂,是一举两得、利国利民的事情。

生产蛋白饲料添加剂的工艺流程为:

废酵母泥→加热搅拌→滚筒干燥→成品蛋白饲料添加剂。

2.生产酵母精膏及酵母精粉

酵母精膏是大多数发酵工业所必需的原料,也是缺口比较大的一种紧俏商品。我国市场上酵母精膏的市售价在3万元/t左右。啤酒废酵母生产酵母精膏,每6t可生产1t,其工艺流程为:

啤酒废酵母→洗涤→自溶→酵母浸出混合物→离心分离→清液→真空浓缩→成品酵母精膏。

酵母精膏还可进一步喷雾干燥成酵母精粉。据报道,在汤料或沙司中添加2%～5%的酵母精粉能增加黏度,味美浓郁;干酪中加入2%～3%后稳定性好,黏度增强,食用后食欲亢进,无不良副作用;西式火腿、香肠等肉类食品中加入酵母精粉,不但能改善肉类食品中蛋白质和脂肪的黏性及保水性能,而且增加了肉食品的香味。

3.生产5′-核苷酸

5′-核苷酸包括鸟苷酸、腺苷酸、胞苷酸、尿苷酸,它们能参与人体的代谢,促进内脏器官的改进和恢复,改善骨髓的造血功能,还可用于放射性疾病、急慢性肝炎、肾炎的治疗,并可作为治疗癌症、病毒病的辅助药物,是一种非常重要的医药原料。

(六)啤酒糟的开发应用

啤酒糟是啤酒生产过程中最主要的副产物,占废弃物总量的80%以上。在啤酒的生产过程中,每投100kg原料约产湿麦糟120～130kg,以干物质计为25～33kg,在这些湿麦糟内含水分75%～80%、粗蛋白5%、可消化蛋白3.5%、粗脂肪2%、可溶性非氮物10%、粗纤维5%,此外,还含有Ca、P等微量元素。目前啤酒糟大多作低价饲料直接出售,固其含水率高,不能久贮,极易霉变,为此,可通过以下几种方法加以处理应用:

1.啤酒麦糟再发酵生产高蛋白饲料

将平菇、黑曲霉、啤酒酵母进行不同的组合,利用平菇、黑曲霉高活力的木质素酶和纤维素酶,将啤酒糟里不能直接被动物吸收利用的纤维素分解,通过与啤酒酵母的混合生长,抑制了还原糖的积累,促进了单细胞蛋白的合成。经再发酵后的啤酒糟粗蛋白含量提高到 35.5%,Ca、P 等微量元素具有了生物活性,营养结构有了很大改善。

2.用于奶牛青贮饲料

秸秆具有粗糙的物理结构,在青贮过程中具有较高的空气渗透性,青贮填充时,很难压实,造成青贮窖中留下较多的空气,这样导致青贮初期呼吸作用和好氧微生物活动时间的延长,造成了营养物质和发酵底物(可溶性碳水化合物)的损耗,使发酵底物不足,乳酸菌生长受到抑制,pH 值不能快速降到 4.2 以下,不能有效抑制其他有害微生物的活性。添加好氧性抑制剂如酒精,可抑制发酵初期好氧微生物的活性,降低营养物质的损失,进而可以促进乳酸发酵,使 pH 值快速降至 4.2 以下,从而进一步抑制其他有害微生物的活动,降低发酵过程中营养物质的损失。酒糟中含有大量的残余酒精,因此酒糟可起到抑制发酵初期好氧性微生物活性的作用,同时可提高秸秆青贮饲料的营养价值。

3.用于酶的生产

利用啤酒麦糟可生产 a-淀粉酶、碱性蛋白酶和地衣多糖酶。其方法是采用地衣芽孢杆菌,产酶培养基是在湿润的啤酒糟中,加入40mm 磷酸缓冲液,以 1:5～1:10 比例混合,再添加 0.5%玉米油或 0.5%～10%大豆油,灭菌后接入预先培养好的菌种,温度为 45℃,振荡培养 3～5d,即可产生所需的 a-淀粉酶,若利用该菌生产碱性蛋白酶,可在上述培养基中再加入 2ml 氯化钙和100ml 柠檬酸钠,在 35℃下培养 4d。在仅由啤酒麦糟和 40ml 的磷酸缓冲液组成的培养基中,30℃培养 3d,还可生产出地衣多糖酶。

利用啤酒麦糟作培养基所得到的 a-淀粉酶,用于淀粉深加工可生产麦芽糊精、环状糊精、饴糖、高麦芽糖浆、葡萄糖、果葡糖浆等。碱性蛋白酶添加到面团中,它能水解面筋蛋白质,改善面团的黏弹性、延伸性、流动性和面团处理性能,有助于改进面包体积和组织,改善面包风味,应用于食品加工领域。

4.用啤酒糟栽培蘑菇

啤酒糟是熟料,基本无菌,用它栽培蘑菇,既可简化工序,又可提高产量。

此外,啤酒废水也可进行再利用,其中含有酒糟、酵母、废啤酒液、麦汁等,成分复杂,有机物含量高,大量废水直接排放,要造成环境污染。目前,我国有的啤酒企业基于啤酒废水不含有毒物质的特点,将废水适当处理后排入水塘,培养水生植物,自然净化后再排放鱼塘,两者都能兼顾,还能产生一定的经济效益。

四、大豆

大豆加工副产物包括豆腐渣、黄浆水、豆粕等。豆粕、豆腐渣等传统上多作饲料,而黄浆水则几乎全作废水排放,没有充分利用,但据测定,也可作深层次开发。

（一）黄浆水

黄浆水又称大豆乳清,是大豆加工时排放的废水,可提取下列产品。

1.生产大豆低聚糖

大豆低聚糖又名寡糖,是由2～10个单糖分子以糖苷键连接而成的低度聚合物。低聚糖由于单糖种类和糖苷键的不同,种类繁多,功能各异,目前已知的达1 000种以上。人体虽然不能直接利用大豆低聚糖,但却是与人体的生长、机体的新陈代谢息息相关的双歧杆菌的最好增殖物质。双歧杆菌在人体内能改善肠道环境和具有营养保健等功能,可增加维生素合成量,降低血液中胆固醇含量,并使人体免疫力能得到改善,对防治便秘、防病抗衰老有重要作用。同时,大豆低聚糖也是功能食品的重要基料,具有低甜度、保湿性、耐热性、稳定性等应用特点,可广泛应用于饮料、糖果、乳制品、面包、糕点、调味品、酒类等生产。从大豆乳清中提取大豆低聚糖工艺流程为:

大豆乳清→预处理→电渗析→离子交换→脱色→浓缩→高压

泵→喷雾干燥→低聚糖干粉→筛粉→包装→低聚糖产品。

2.生产大豆异黄酮

大豆异黄酮可作为雌性激素治疗的替代品,可改善妇女更年期综合征,并具有降低血液胆固醇、防止骨质疏松及抑制癌细胞生长的作用。大豆异黄酮的雌激素作用影响到性激素分泌、代谢和生物学活性、蛋白质合成、生长因子活性、细胞恶性增殖、分化、细胞黏附和血管生成,有助于预防癌症发生。大豆异黄酮的雌激素作用有助于改善绝经后妇女热潮红和阴道炎等症状,对骨质疏松症的发生也有预防作用。由于异黄酮是从植物中提取,与雌激素有相似结构,因此称之为植物雌激素。大豆乳清制备大豆异黄酮的工艺流程如图 5-3 所示。

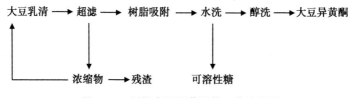

图 5-3　制取大豆异黄酮的工艺流程图

此外,黄浆水还可应用于制作面包酵母和药用酵母、可用于生产维生素 B_{12}、酿造白酒、生产白地霉素、生产饮料、制取大豆皂苷等。

(二)豆粕的综合利用

豆粕是大豆提取豆油后得到的一种副产品。按照提取的方法不同,可以分为一浸豆粕和二浸豆粕 2 种。其中,以浸提法提取豆油后的副产品为一浸豆粕,而先以压榨取油,再经过浸提取油后所得的副产品称为二浸豆粕。一浸豆粕的生产工艺较为先进,蛋白质含量高,是国内目前现货市场上流通的主要品种。

豆粕蛋白质含量丰富,豆粕内含的多种氨基酸特别适合于家禽和猪对营养的需求,因此,大约 85% 的豆粕都被用于家禽和猪的饲养。同时还可将豆粕用于制作简易分离蛋白、糕点食品、健康食品以及化妆品和抗生素原料。近年来，尤其是通过微生物发酵的方法处理豆粕，进一步提高其营养价值，已成为目前的热点。

1. 制作发酵豆粕

发酵豆粕是为了提高豆粕的消化率，降低其抗营养因子，经一定工艺和技术手段发酵后的豆粕，其主要成分为蛋白质、碳水化合物。与豆粕相比，它具有以下特点：

(1)抗营养因子含量低或被消除。发酵豆粕是通过多菌种、多温相发酵脱毒技术，可将豆粕中目前已知的多种抗原进行降解，使各种抗营养因子的含量均大幅度下降。发酵豆粕中胰蛋白酶抑制因子一般≤200TIU/g，凝血素≤6μg/g，寡糖≤1%，尿酶活性≤0.11[mg/(g·min)]，而抗营养因子植酸、伴豆球蛋白、致甲状腺肿素可有效去除，使大豆蛋白中的抗营养因子含量下降至饲用水平、基本上消除抗营养因子。

(2)蛋白多肽含量丰富。发酵豆粕中大豆多肽含量超过70%，一般正规产品 2~5 个氨基酸残基组成的具有特殊生理调节功能的小肽含量超过 12%。众所周知，小肽目前是动物营养学研究的热点之一，已经证明小肽具有很好的溶解性、抗凝胶形成性、低黏度等特性，在动物体内吸收快、耗能低、不易饱和，各种小肽之间的转运无竞争性抑制，转化利用率高，还可作为特殊生理调节功能的物质直接影响动物健康和生长发育。作为优质饲料蛋白源，产品适用对象广泛。

(3)富含氨基酸且结构合理。发酵处理过程中，微生物大量增殖，其结构不仅提高了发酵豆粕蛋白基料的蛋白质水平，而且部分大豆蛋白质发酵时转化为菌体蛋白，改变了大豆蛋白质的营养品质，对改变动物的生产性能是至关重要的因素。豆粕经发酵后蛋白质含量高于 50%，较发酵前提高 15%以上；总氨基酸含量高于46%，较发酵前提高 17%，可以看出肽蛋白所含蛋白质的量与质均得到显著改进。

（4）蛋白质品质优良且消化率高。与膨化大豆和浓缩大豆蛋白相比,微生物发酵豆粕生产大豆多肽的工艺明显优于高温高压的膨化工艺和乙醇浸提工艺对蛋白质的影响。肽蛋白的体外消化率大于 95.3%,碱溶解蛋白大于 84.7%,水溶解度大于 21.8%,动物吸收利用率接近 90%,高于鱼粉、乳糖、乳酸等,可改善适口性。

（5）富含多种生物活性因子。豆粕经过发酵,不仅含有降解大豆蛋白产生的小肽,还含有微生物发酵产生的多种生物活性物质,可以减少酸化剂和酶制剂的添加量,甚至不加。既为动物提供易于利用、低抗原性的大豆多肽,还兼有益生素的功效。

（6）无污染安全可靠。无论与鱼粉、血浆蛋白粉、肠膜蛋白、肉骨粉等动物源性蛋白质饲料相比,还是与膨化大豆、豆粕、棉粕以及菜粕等植物蛋白质饲料相比,发酵豆粕分解的大豆多肽具有多方面的营养优势和资源优势。由于是完全植物蛋白,它安全无污染,能完全或部分取代幼龄动物饲料中的鱼粉、乳清粉、血浆蛋白,价格低,品质恒定,运输贮存禁忌少,原料来源稳定,不受产地、季节影响。

发酵豆粕在猪饲料中、禽饲料中得到了广泛应用。

2.制作分离蛋白

豆粕可制成分离蛋白加以利用。分离蛋白的制法是:首先对豆粕去杂,加 3 倍水浸泡 5～8h,加水磨,越细越好,磨完再加入总水量为豆粕的 10～15 倍,搅拌 5min。将全部浆水打入布袋内,压榨得到浆水,然后加入盐酸,使浆水 pH 值达 4.3,停止加酸。再将其倒入袋内,压榨除水,袋内即为纯分离蛋白。

（三）豆腐渣的综合利用

豆腐渣因其所含能量低,口感粗糙,往往被人们用做饲料或干脆废弃,没有开发利用。据分析,豆腐渣有丰富的蛋白质、脂肪、纤维质成分、维生素、微量元素、磷脂类化合物和甾醇类化合物。经常食用豆腐渣,能降低血液中胆固醇含量,还有预防肠癌及减肥的功效,它是一个新的保健食品。

1. 提取豆腐渣蛋白

提取豆腐渣蛋白工艺流程如下:新鲜豆渣→加水和碱→搅拌→离心分离→上清液→调等电点→离心→沉淀干燥→蛋白渣→过滤→淀粉。

豆腐渣蛋白为乳白色固体颗粒或粉末,具豆香味,灰分3.6%,水分6.1%,蛋白质含量80%左右,蛋白得率90%以上。蛋白质的氨基酸组成与大豆蛋白基本一致,必需氨基酸组成与鱼粉、鸡蛋等动物性蛋白相近。豆腐渣蛋白中蛋氨酸较少,而鱼粉等动物性蛋白中蛋氨酸较多,依据氨基酸互补原理,用一定比例的豆腐渣蛋白代替现有饲料中部分鱼粉等动物性蛋白,可以起到氨基酸互补作用,提高调料蛋白质营养价值,并降低生产成本。豆腐渣生产蛋白发泡粉工艺流程如图 5 - 4 所示。

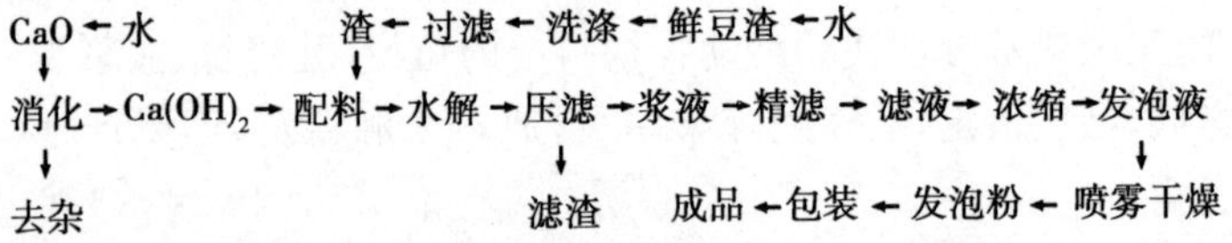

CaO→水　　　　渣←过滤←洗涤←鲜豆渣←水
　↓　　　　　　　↓
消化→Ca(OH)₂→配料→水解→压滤→浆液→精滤→滤液→浓缩→发泡液
　↓　　　　　　　　　　　↓　　　　　　　　　　　　　　↓
去杂　　　　　　　　　滤渣　成品←包装←发泡粉←喷雾干燥

图 5 - 4　制取豆腐渣蛋白发泡粉工艺流程图

2. 利用豆腐渣生产水解植物蛋白

大豆蛋白质经酶催化等方法水解得到的产物,称为大豆水解蛋白。大豆水解蛋白含有人体需要的氨基酸,营养价值高、速溶性好、风味独特。日本水解蛋白主要用于生产方便食品,调味品和营养强化方面,国内部分方便面生产企业在其产品中也使用大豆水解蛋白为调味品。大豆水解蛋白作为肽和游离氨基酸的混合物,具有一系列的功能,被广泛应用于食品生产。大豆水解蛋白可从豆腐渣中提取,其工艺流程如图 5 - 5 所示。

酸
活性炭
新鲜豆浆
酸水解
冷却
中和
过滤
头淋
加水
滤渣
过滤
二淋
喷粉
浓缩
脱臭脱色

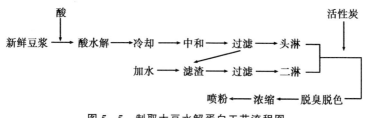

图 5-5 制取大豆水解蛋白工艺流程图

3. 豆腐渣制取膳食纤维

从豆腐渣中制取可溶性膳食纤维和不溶性膳食纤维，一般采用酶解法，其产率高于直接水浸提法，而且污染少，工序简单，便于推广。大豆纤维粉的工艺流程见图 5-6 所示。

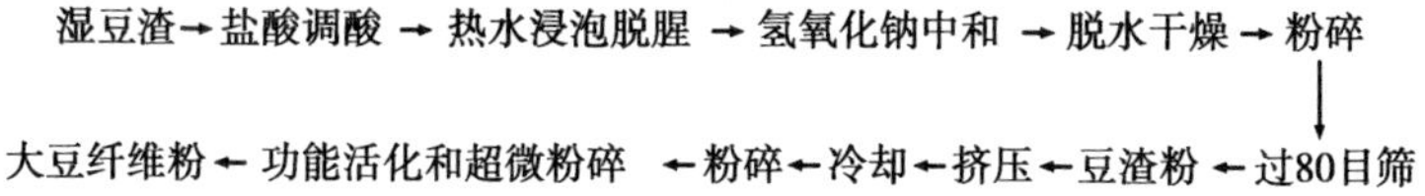

湿豆渣
盐酸调酸
热水浸泡脱腥
氢氧化钠中和
脱水干燥
粉碎
过80目筛
豆渣粉
挤压
冷却
粉碎
功能活化和超微粉碎
大豆纤维粉

图 5-6 大豆纤维粉的工艺流程图

可溶性膳食纤维对人体的生理代谢发挥更大的作用，能增加食物在肠道中的滞留时间，延缓胃的排空；不溶性膳食纤维能促进肠道产生机械蠕动，降低食物在结肠中的滞留时间，增加粪便的体积和含水量、防止便秘。大豆膳食纤维添加到面包中，可使膳食纤维的品质得到强化。

此外，豆腐渣还可用来生产豆腐渣纤维饮料、豆皮纤维粉、碳酸豆乳饮料、豆腐渣面包、豆腐渣烘焙食品、豆腐渣纤维饼干、即食海带豆腐渣点心、豆腐渣膨化食品等多种产品。日本还有利用豆腐渣制造食用纸的研究与报道，其遇水很容易被溶化，所以是一种不用撕掉可以吃的纸，亦可直接当做食品。

（四）大豆油脚利用

大豆油脚是大豆生产豆油过程中产生的副产品，据不完全统计，国内大豆油脚年总产量在 10 万 t 以上。利用大豆油脚生产维生素 E,可以获得巨大的经济效益。维生素 E 具有清除自由基、提高机体免疫力、防止衰老、抗癌等功能。可用于医药、食品及化妆品领域。据测算,以 1t 油脚和皂脚生产脂肪酸之后的下脚料为原料,可得 500kg 天然维生素 E,以 100 美元/kg 计算,可获利 5 万美元。目前在国际市场上对天然维生素 E 需求量日益增长。

大豆天然维生素 E 生产工艺为:下脚料(预处理)→中性油相物质(冷却分离)→维生素 E 富集物(蒸馏)→残渣(醇洗)→维生素 E 混合物(蒸馏)→维生素 E 浓缩物(醇洗)→维生素 E 混合物(蒸馏)→维生素 E 浓缩物(溶剂萃取)→维生素 E。

五、玉米芯

玉米芯是玉米脱去子粒后的穗轴,一般占玉米穗的 20%～30%。我国每年有大量的玉米芯被丢弃或作为燃料,这是很大的浪费。玉米芯除用作饲料外,还有很多用途。

1. 利用玉米芯生产食用菌

玉米芯的主要成分有粗蛋白 2.6%、粗脂肪 0.5%、可溶性无氮物 52.9%、粗纤维 33.1%、灰分 3.25%。近年来,利用玉米芯代料生产食用菌得到广泛应用。使用玉米芯为培养料时要先将其晒干,并加以粉碎。至于如何配料、接种、培养、采收等相关处理,可参阅葡萄枝、葡萄枝培养食用菌的相关内容。

2. 利用玉米芯提取木糖醇

木糖醇属于多元醇,白色晶体,容易溶解于水和乙醇中,其甜度高于蔗糖。木糖醇易被人体吸收,代谢完全,不刺激胰岛素的分泌,不会使人体血糖急剧升高,是糖尿病人理想的甜味剂和具有营养价值的一种甜味物质,目前广泛用于国防、医药、塑料、皮革、涂料等方面。用玉米芯生产木糖醇,可增加玉米芯的经济效益(图5-7)。

(1)粉碎。采用无杂质、无霉变的干玉米芯,用清水洗净然后干燥粉碎,通过 8 目筛网过滤。

(2)预处理。将粉状玉米芯投入处理罐内,加入 4～5 倍量的

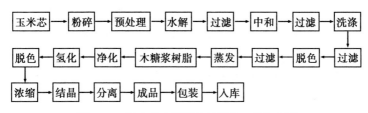

图 5-7　玉米芯中提取木糖醇的工艺流程图

清水,用蒸汽间接加热至 120℃,保温搅拌 2～2.5h,趁热过滤,滤渣再用等量的清水洗涤 4～5 次,可得滤渣。

(3)水解。把滤渣放在水解罐内,加入 3 倍量的 2.0%硫酸,搅拌均匀,用蒸汽加热至沸,当温度达 100～150℃时,保温搅拌水解 2.5～3h,并趁热过滤,使水解液降温至 75℃。

(4)中和洗涤与脱色。在不断搅拌下,往水解液中加入 15%的碳酸钙悬浮液,调节 pH 值为 3.6,保温搅拌 1.5h 后冷却至室温,静置 12～16h,抽滤或离心分离,再用清水洗涤滤渣 2～3 次,合并滤液。间接加热滤液后,当温度达到 70℃时,加入 5%活性炭,保温缓慢搅拌 1h,趁热过滤,此时过滤液的透光度应达到 85%以上,木糖浓度为 70%～75%以上。

(5)蒸发与净化。把上述过滤液注入蒸发器内,用蒸汽加热蒸发水分,当木糖含量达 85%以上时停止加热,冷却至室温过滤可得木糖浆;已蒸发浓缩的木糖浆先后流经 732 型阳离子交换树脂和阴离子交换树脂(一般阳、阴离子交换树脂比例为 1∶1),可得96%以上的无色透明流出液,流出液的 pH 值应不呈酸性。

(6)氢化与脱色。将上述流出液稀释至木糖含量在 3%左右的木糖液,然后用碱液来调节 pH 值为 8。用高压泵打入混合器,同时注入氢气,再打进预热器,升温至 90～92℃,已预热的混合液再用高压泵打入反应器,继续升温至 120～125℃,使用氢化催化剂进行氢化反应,氢化液流进冷却器降温至室温,再送进高压分离器,可得含木糖醇 13%左右的氢化液。将氢化液再经常压分离器,除去剩余的氢气,最后可得折光率15%、透光度85%以上的无色或淡黄色透明液。将透明液移入夹层脱色罐内,并加热至80℃,过滤后可得脱色液。

(7)浓缩。把热脱色液移入夹层蒸发器中,用蒸汽加热浓缩,当蒸发液的折光率为60%时停止加热,并趁热过滤,可得含木糖醇50%以上的浓缩液。

(8)结晶与贮存。将浓缩液移入另一夹层蒸发器中,继续加热浓缩至折光率85%左右,此时木糖醇含量可达90%以上,然后把浓缩液降温至80℃,移入结晶器内,以每小时降温1℃的速率进行木糖醇结晶,当温度降至40℃时,进行离心分离,分离液返回第二次夹层蒸发器中浓缩,并得含木糖醇96%以上的白色晶体(成品)。把木糖醇晶体装入防潮、无毒塑料袋中,放在干燥、通风处贮存。

第二节 经济油料作物籽壳废弃物开发利用

一、棉花

(一)棉籽壳

棉籽壳,也称棉皮,是棉籽经过剥壳机分离后剩下的外壳。一般约占棉籽重量的40%左右,棉籽壳的化学组成,含有多缩戊糖22%~25%、纤维素37%~48%、木质素29%~32%,以及氮、磷、钾等成分,棉籽壳的纤维素、木质素以及氮、磷、钾的含量都高于其他秸秆。根据剥壳机械的类型不同、棉花籽品种不同、产地不同、含水量不同、剥壳后碎棉仁粉过筛程度不同。加工出来的棉籽壳的大小、颜色、棉绒长度、营养成分(含棉仁粉)也不一样。

棉籽壳的开发利用主要有以下途径。

1.培养食用菌

棉籽壳副产品是生产食用菌(主要是平菇、香菇)的主要原料,且在棉产区原料广泛,通常生产食用菌后的料渣是直接就地堆放腐烂或焚烧处理,在污染环境的同时也带来了资源浪费。作者多年来对废弃的食用菌料渣再利用的研究发现:食用菌料渣是食用菌生产过程中经过高温蒸煮消毒和有益菌丝分解的产物,其养分源丰富(经中国农业科学院棉花研究所检测),棉籽壳料渣含 N 28.8g/kg,P 2.8g/kg,K 19.5g/kg,且碳氮比(C/N)约为 28∶1,适宜大多品种食用菌菌丝体的生长发育。据测定,经加水浸泡、高压灭菌、接种培养,100kg 棉籽壳可生产鲜猴头菇、鲜平菇 100kg,或鲜木耳 70～80kg,或鲜草菇 30～45kg,或干灵芝 10～15kg,或干银耳 3～4kg。每千克棉籽壳生产食用菌的产值最高可达 5 元以上。

(1)培养料的调制方法。①纯棉籽壳培养料。此培养料适用于银耳、木耳、猴头、香菇、平菇、草菇等培养。配置方法是:选用无霉味的干燥棉籽壳,用温水浸拌 10～20min,将水分调至手握棉籽壳在指缝中有水滴为度,酸碱度 pH 值调至 6.4～7,然后装瓶捣紧,中间用捣木插一孔洞至瓶底,将瓶子里于高压灭菌锅中,在 1.5kg/cm² 压力下灭菌 40～60min(或用普通蒸笼间歇灭菌),取出降温后,即可作为适用菌种原种、栽培种的培养基或瓶栽用的培养料;②发酵棉籽壳培养料。此培养料适用于蘑菇一类对纤维素、木质素等吸收能力较差的菌种。配置时,可采用棉籽壳浸拌尿水(尿、水各半)发酵,摊一层棉籽壳,加一层水,层层堆积起来,使堆温达到 70～80℃,发酵 26d 左右,期间翻堆 4 次,并加入占干料重 1%的石膏粉和 0.5%的过磷酸钙,待堆温下降不再升高时即可使用。调水、装瓶灭菌方法同前;③大床栽培蘑菇用的培养料。目前采用三种沤制方法:一是纯棉籽壳加尿水各半沤制;二是以干牛马粪 25%和干棉籽壳 75%,加尿、水各半沤制;三是以牛马粪、干棉籽壳、干麦秆或稻草各 1/3,加尿、水各半沤制。夏季堆沤 30d 左右,即可栽培蘑菇。沤制成熟的培养料,一般呈黑褐色,无短绒和粪尿异味,水分以手握有水滴而不流出为度。

(2)培养效果。据试验,因培养基的不同,在培养效果不尽相同。①以棉籽壳作培养基培养的菌种,在温度 25℃ 左右时,生长良好。瓶栽银耳,一般 50d 左右即可采收,单朵干重 5～8g,采收2～3 次,750ml 瓶平均约产干耳 7.5g,每 50kg 棉籽壳约产银耳1.75kg;瓶栽猴头,一般经 50～60d 可长成猴头形,并发孢子,直径 8cm 左右。空气和湿度不适宜时,往往形成分枝形,亦可发孢子。培养室内必须保持清洁,否则打开瓶塞后易感染灰褐色霉菌,侵害子实体;瓶栽木耳、香菇,一般均能形成子实体。栽培香菇用的小口瓶,因氧气不足,菇朵小或不成菌蕾;瓶栽平菇,经 4d 左右出现菌蕾,并迅速形成菌盖,氧气不足时,易发生畸形长柄小菌盖。椴木接种棉籽壳培养的菌种,无论银耳、木耳、香菇,都生育正常,与木屑菌种无差异;②用发酵棉籽壳培养蘑菇菌种,原种经 10～45d 长满瓶,栽培种经 30～40d 长满瓶,一般绒毛菌丝较多,绒线菌丝较少,菌丝健壮。用发酵棉籽壳培养基接种银耳、木耳、猴头、香菇菌种,都能生长,特别是银耳菌丝发育良好;③用断碎棉柴培养菌种,即把断碎的棉柴,浸水至含水量 70% 左右,装瓶灭菌后,接种银耳、木耳、猴头、香菇等,菌丝生长尚好,不如棉籽壳培养基上生长的菌丝粗壮和生长迅速。

2. 作为饲料

棉籽壳含有 5%～8% 的粗蛋白,营养价值高、适口性好,饲喂奶牛可稳定提高产奶量。常年喂棉籽壳对机体的消化吸收、发情排卵、受胎繁殖、遗传性均不发生影响,是畜禽养殖的好饲料。但是,棉籽中含有对畜禽有毒的棉酚,必须发酵后才能当做畜禽饲料,棉籽壳发酵处理的方法如下:

(1)剔除霉烂变质的原料,将棉籽壳切碎或粉碎,添加部分玉米粉、麦麸等能量饲料。

(2)将饲料发酵剂(0.2%)用玉米粉、麦麸等稀释后再全部撒入到粉碎的棉籽壳中,要确保物料混匀;然后再加水拌匀,物料含水量控制在 65% 左右。判断办法:手抓一把物料能成团,指缝见水不滴水,落地即散为宜,水多不易升温,水少难以发酵。

（3）加水拌匀后随即装入缸、筒、池、塑料袋等能密封的容器中，物料应完全密封但不能压紧，当使用密封性不严的容器发酵时，外面应加套可扎紧密封的塑料袋，注意密封过程中不能拆开翻倒，在自然气温下密封发酵2～3d，等有酒香气或泥土味时表明发酵完成，即可饲喂。作猪饲料，棉籽壳有明显的增重效果，但需加喂"喹乙醇"，降低其有毒物质含量。

（二）棉花其他副产品

棉花生产除提供棉纤维和棉籽油，开发利用棉籽壳外，还有棉短绒、棉仁饼、棉秆皮、棉秆、棉叶等副产物，可作为再生资源进行综合利用。

1. 棉短绒的利用

籽棉轧花后还留有一层短绒，用剥绒机三道剥绒，100kg棉籽可剥短绒7～10kg。头道绒可纺粗纱，生产棉毯、绒衣、绒布，还可生产高级纸；二道绒可制造硝酸纤维，生产无烟火药、喷漆、赛璐珞等；三道绒可制黏胶纤维、醋酸纤维，用于生产人造毛、人造丝、玻璃纸、清漆、塑料、胶卷等。棉籽剥短绒，提高产值3～4倍，短绒制成化纤，又提高产值8倍以上。目前有很大部分棉籽未经剥短绒而榨油，既浪费了资源，又降低棉籽出油率。

2. 棉仁饼的利用

棉籽脱壳后的棉仁含油脂35％，蛋白质37％～40％，比稻米、小麦、玉米的蛋白质含量高得多，氨基酸齐全，富含维生素E，消化率90％以上。但普通棉花品种的棉仁中含有棉酚（棉毒素），易使单胃动物中毒。所以，目前仅一部分棉籽饼作反刍动物牛、羊的饲料，大部分仍作为肥料。

去毒最理想的途径是选育低酚棉（无毒棉）新品种，我国已育成低酚棉品种有100多个，已推广的有中棉所13、16、18、20、22号等，各地可因地制宜选用。普通棉花品种的棉仁中棉酚含量为1.6％～2.8％，须经脱毒处理后方可食用和饲用。棉籽饼脱毒的方法很多，有加热去毒法、加碱去毒法、小苏打去毒法、尿素脱毒法、硫酸亚铁脱毒法、石灰水脱毒法等。目前,国内多用硫酸亚铁加石灰水浸泡法脱毒、膨化法脱毒、有机溶剂浸出法分离棉酚等,效果良好。国外多采用最先进的旋液分离加工法,加工成的棉仁蛋白粉含蛋白质 65%～70%,棉酚含量为 0.04% 以下。

3.棉叶其他用途

无毒棉的棉叶可用于添加猪饲料,日增重能提高 3.8%;添加奶牛饲料,产奶量提高 12%～20%。棉秆还可提取多种有机酸,用于食品、医药、化工等;棉叶又可提取加快水泥凝固的增凝剂,用于提高钢筋混凝土质量,减少水泥费用 5%～8%。

二、甘蔗

甘蔗是一种含糖作物,是我国食糖生产最重要的生产原料,在我国食糖生产上起着举足轻重的作用,对满足人们日常生活、食品饮料加工业、医药制造业等方面的需要起着至关重要的作用。制糖工业生产过程中的副产物主要有蔗渣、滤泥、糖蜜、酒精废液、蔗梢、蔗叶、蔗头等。其中,酒精废液是指以甘蔗糖蜜为原料,经发酵在酒精粗馏塔中蒸馏,在蒸出酒精后经粗馏塔底部排出的废液。

(一)蔗渣

蔗渣是糖厂很大一部分副产品,占甘蔗总量的 24%～27%(其中含水分约 50%),每生产 1t 蔗糖,就会产生 2～3t 的蔗渣。蔗渣来源集中,产量较大。蔗渣含有丰富的纤维素,而含木质素较少,据分析:湿蔗渣(以质量计)固定碳 7%、挥发物 42.5%、水分 49%、灰分 1.5%;干蔗渣(以质量计)全纤维素 59.01%、木质素 20.85%、多缩戊糖 20.63%、灰分 1.2%、1% NaOH 抽出物 35.95%、苯和醇抽出物 4.23%。而且蔗渣营养丰富,据测定,每 100g 甘蔗渣含粗蛋白 38g、糖醛酸 3.3g、纤维素 35.4g、半纤维素 20.6g、淀粉 1.5g、木质素 18.6g、灰分 8.3g,可溶性糖 2.8g。

蔗渣利用前一定要进行除髓,即把蔗髓从蔗渣中分离出来。这是因为从物理结构上讲,蔗渣纤维可以分为真纤维和蔗髓两种形式。真纤维具有强韧的硬壁细胞组织,形状细长,呈纺锤状,两端尖削,是最有利用价值的纤维,这种纤维细胞占蔗渣的 60%～65%;蔗髓具有柔软的薄壁细胞,似海绵状,占蔗渣的 35%～40%。真纤维和蔗髓的化学组成十分相似,但结构差异很大,真纤维在湿态下有较高的膨胀系数而干燥时则收缩,此种特性使它具有很高的强度;而蔗髓吸液性强,对制浆造纸及人造板等综合利用均有不良的影响。

1. 造纸

甘蔗渣是一种良好的制浆造纸原料。目前,除可生产包装纸、瓦楞纸、有光纸、卫生纸外,还可生产优质的书写、凸版纸、邮封纸、打印纸和拷贝纸等,如果配以部分木浆,还可生产胶版印刷纸等。蔗渣纤维长度为 1.0～2.5mm,与阔叶木纤维长度相当,属于草类纤维范畴,易煮易漂,化学品耗量少;含硅量虽比木材高,但均低于其他草类纤维原料,便于回收利用。蔗渣可用常规碱法或硫酸法制造化学浆。且化学品耗用比木材少,易煮易漂。蔗渣漂白化学浆在掺配一定数量的长纤维浆后可制造各种高档文化与生活用纸。我国已可以利用蔗渣漂白化学浆掺配一定数量的长纤维制造各种高档文化与生活用纸,如涂布纸、复印纸、双胶纸、高级卫生纸、餐巾纸等,处于国际领先水平。

2. 锅炉燃料和发电

蔗渣作为锅炉燃料,这是最简单、最古老的利用方法,目前仍普遍采用。每年有大量的蔗渣作为锅炉燃料烧掉,虽然能解决糖厂的能源问题。但是这种利用比较单一,经济效益低,容易造成资源浪费。特别是面对近年全国用电紧张、供电不足的严峻形势,众多糖厂开始借鉴国外经验,大胆创新,利用蔗渣发电。

3. 生产人造板

生产人造板是目前甘蔗渣利用中最直接有效的途径,其加工方向为中密度纤维板和刨花板。我国是少林缺树的国家,人均拥有木材为世界平均水平的 1/6,是世界上第二大木材进口国。利用甘蔗渣生产人造板顶替木材是一个很好的选择。我国利用蔗渣生产人造板始于 20 世纪 80 年代。蔗渣人造板按其密度可分为 3 类：低密度板、中密度板和高密度板。中密度纤维板（简称 MDF）是当今世界人造板发展的趋势，性能胜于木材。它不但可以木材作为原料，而且能以一年生的植物纤维如甘蔗渣、秸秆等作为原料。中密度纤维板容重轻（400～800kg/m³），强度高，握钉力强。板面涂饰性能好，表面光滑，板边密实，还适合锯切、拉槽、钻孔、雕刻及车制成品机械加工。因此，它是现在人造板中用途最广的板材，是高中档家具、建筑、家用电器、包装、乐器、缝纫机台板、车船及房屋内装修的最佳用材。

4. 绿色环保餐具

蔗渣粉为主要材料的餐具，可以替代塑料快餐具，且使用后可生物分解或风化降解，也可作为饲料和肥料，防止白色污染。研究表明，蔗渣中的半纤维素经酰化反应可获得热塑性塑料，在半纤维素中嵌入长链酰基氯化物可使其具有防水性能，用蔗渣生产的包装制品的各项物理力学性能指标均可超过中国国家标准的特级品标准。目前全国生产纸质餐具厂家有 100 余家，年生产能力可达 30 亿只，而据国家统计局的统计数据显示，全国每年消费一次性餐盒，加上方便面碗、菜盘、杯子等共 120 亿只左右，存在较大缺口，具有发展潜力。

5. 制备膳食纤维

蔗渣含有 90% 以上的总膳食纤维干基，是一种很好的天然膳食源。食用蔗渣纤维粉的制备流程包括原料清理、粗粉碎、浸泡漂洗、异味脱除、二次漂洗、脱色、干燥、粉碎和过筛等几个主要步骤。研究表明，食用蔗渣纤维粉的纤维素、半纤维素和木质素的含量分别为 26.5%、43% 和 19.5%，这 3 种成分之和（即 NDF）高达 89%，是一种良好的食用天然膳食纤维添加剂。

纤维素粉是一种具有较高的持水力、膨胀力的高活性膳食纤维。它作为一种功能性食品基料对人体具有保健作用。在肠道内，可改善肠胃功能，促进肠胃蠕动，预防便秘。这一作用对于肥胖、高血脂症、高胆固醇血症、糖尿病、高血压、心脑血管疾病和胆结石者十分有益。另一方面,纤维素粉可作为非营养性原料,用于制造低脂肪或无脂肪食物,同时还可作为组织改进剂、分散剂、稳定剂,改善食品的品质、性能及口味。

6.制造木糖醇

蔗渣特别是蔗髓,是制造木糖醇的好原料,经过酸解作用,大约13％的干物质作为木糖能被提取出来,再经过氢化作用就可以得到木糖醇,所以,从蔗渣中提取木糖醇被视为糖厂的一种很有潜力的有效产品。木糖醇有甜味,味道几乎等同于蔗糖,由于其显著的可引起器官感觉和止龋特性,因而是口腔卫生产品、糖尿病患者食品、无糖口香糖、糖果以及其他产品的一种重要的组成部分,目前市场上对其需求量很大。

(二)废糖蜜

废糖蜜,是糖厂副产品糖蜜经发酵提取酒精后排出的剩余液体,它含有多种可供甘蔗吸收的元素。据测定,废糖蜜中含氮0.1725％,磷0.225％,钾0.4118％。废糖蜜一般为原料蔗量的15％,榨10万t甘蔗有废糖蜜1.5万t,按30t废糖蜜增产1t甘蔗汁,倘若将废糖蜜全部用作肥料种植甘蔗,可增产甘蔗5000t。目前,多数大型糖厂都以甘蔗废糖蜜为原料在发酵生产酒精,提高产品附加值。

1.发酵制取乙醇

用糖蜜作为原料发酵制取乙醇,既可大幅度降低原料成本,又能够满足生产要求,各产糖国的大多数糖厂以这种方式处理糖蜜,我国中型以上的糖厂有90％设有乙醇车间。糖蜜生产乙醇一般采用间歇式流程,印度的Praj公司目前发酵技术较为先进。在糖蜜连续发酵乙醇的流程中,糖蜜不断地被泵吸入发酵罐中,成熟的醪液以同样体积连续流入蒸馏工段,以回收乙醇。由于采用了固定化技术,酵母只在发酵周期开始时接种,可以长时间地循环使用,发酵液通过3～7个发酵罐串联进行连续发酵。但不论采用何种方式生产乙醇,废醪液的治理均是值得关注的问题。

2. 生产酵母

糖蜜含有特别适合于酵母繁殖的成分,是生产酵母的优选原料,选用不同功能的菌株可以生产药用酵母、食用酵母和饲料酵母等产品,英国、古巴以及中国均有企业建成糖蜜酵母生产线,主要产品为活性干酵母,产量为 $500 \sim 5\,000t/d$。

(三)滤泥

滤泥是蔗汁经澄清后,由压滤机或真空吸滤机所排出的残渣。由于澄清工艺不同,又分为亚硫酸法滤泥和碳酸法滤泥,分别占榨量的 $0.7\% \sim 1.4\%$ 和 $4.5\% \sim 5.0\%$。

1. 生产肥料和饲料

由于滤泥含钙高,而氮、磷、钾相对含量偏少,用磷酸处理滤泥可以降低其碱性,反应的主要产物磷酸氢钙、磷酸二氢钙也是广谱性肥料,处理后的滤泥中再加一定量的无机钾肥就可以制成滤泥复合肥。碳酸法滤泥由于含有过多的碳酸钙和氢氧化钙,难以用来生产肥料。此外,根据各种动物生长需求,在亚硫酸法滤泥中加入各种原料、元素、营养物,经适当干燥后可制成动物饲料。

2. 提取蔗蜡

蔗蜡是一种天然蜡,是酯、游离酸、醇和碳氢化合物等的混合物,有多种生物功能。未经脱脂的粗蔗蜡一般呈褐色或黑色,熔点为 $65 \sim 75℃$,约含 50% 蔗蜡、20% 树脂和 30% 脂肪。脱脂后的商品蔗蜡含烷基酯 $78\% \sim 82\%$、游离酸约 14%、游离醇 $6\% \sim 7\%$。提取剂可选用乙醇、汽油、苯-石油醚等。

3. 蔗梢、蔗笋、蔗头、蔗叶

蔗梢、蔗笋、蔗头、蔗叶是甘蔗收获后的剩余废弃物,它含有丰富的有机质和氮、磷、钾、钙、镁等元素,可以开发利用。据有关研究资料分析,甘蔗收获期全部蔗叶干重约为生物产量干重 15%,为原料蔗鲜重 $10\% \sim 12\%$,每公顷原料蔗 $75t$,就有干的蔗叶 $7.5 \sim 9t$,按其含养分计算,含氮 $40 \sim 60kg$,磷酸 $30 \sim 40kg$,氧化钾

105～120kg,相当尿素 90～105kg,钙镁磷肥 150～180kg,氯化钾 165～195kg,还有大量有机质。蔗梢、蔗笋、蔗头、蔗叶的利用方式可分别对待,作菜肴、肥料或饲料。

(1)制作菜肴。蔗梢和蔗笋可用作蔬菜。其中含有丰富的钙、磷、糖、维生素和纤维素等,有凉血利尿、消热下气、助肠胃蠕动,利消化等功效。

(2)用作肥料。蔗叶:一是可用粉碎机将叶片粉碎回田作肥;二是就地压埋腐烂作肥;三是搬离蔗糖地沤制堆肥;四是垫牛栏作厩肥。蔗头可用机器破碎回田作肥。废液、废灰:一是可以与土杂肥、牛栏肥、海泥混合作堆肥;二是与化肥混合制成颗粒复合肥。

(3)用作饲料。蔗梢可直接投喂或切碎投喂或青贮后投喂或制作成氨化饲料投喂或干燥后生产作配合饲料投喂等;青蔗叶可作饲料直接投喂或将干的蔗叶用粉碎机粉碎后与其他食料混合后作猪饲料使用;用蔗渣配以废蜜、尿素等生产出蔗渣配合饲料;将蔗髓混以废蜜经发酵加工开发出蔗髓糖化蛋白饲料。

三、油菜籽

油菜是一种以采籽榨油为种植目的的一年生或三年生草本植物,是中国四大油料作物(大豆、向日葵、油菜和花生)之一。中国每年生产的油菜籽除极少部分留作种子外,基本上都用于制取食用菜籽油、高芥酸菜籽油和生物柴油,而在油菜籽脱粒和生产这些产品的过程中会产生大量的废弃物,如油菜壳、菜籽皮、菜籽粕等,对这些废弃物进行开发利用,不仅可避免环境污染,而且又能提高油菜籽的经济价值。

(一)菜籽壳

菜籽壳除可直接用于堆肥或沼气发酵外,还可用作培养食用菌原料、食草家畜饲料、促进雷笋早熟覆盖物、提取单宁的原料等。

1.用作食用菌培养原料

先对新鲜的油菜籽壳晒 3～4d,然后按以下配方配料:油菜籽壳 90%、石灰 3%、草木灰 5%、麦麸 2%。配好料后每 50kg 培养料中添加敌敌畏 20g、多菌灵 50g,混匀、加水,使培养料含水量达到 20%。如用作培养草菇,在培养料配好后可按下列程序操作:

(1)设置栽培床。栽培床一般宽 37cm、深 47cm、长 3~5m,床与床之间留 30cm 的间隔,床四周填 15cm 厚的土(先行消毒处理),床面盖细土,厚度 3~5cm。

(2)播种培养料。采用层播法播种。第 1 层床面占 50% 的培养料,第 2 和第 3 层分别占 30% 和 20% 的培养料,中间层播菌种。播种完毕后将培养料适当压紧,上面覆盖一层细土,并在床的四周培土,然后在床面盖一层消毒过的报纸,最后盖上薄膜。播种 2d 后,若薄膜内温度上升至 30~35℃,则不需要管理;若温度达 40℃,则需揭膜降温;若温度在 30℃ 以下,则需设法加温。

(3)出菇管理。播种 1d 后菌丝即可长满床面,揭去报纸以增加散射光照,要加强通风(每天通 3 次),还要注意增加温度。5~6d 后出现菇苗,揭去薄膜,每天早晚分别向床内和空中各喷水雾 1 次,使空气湿度为 35%。随着子实体长大,要增加喷水次数。8 天后收获第一茬草菇,随后清理床面,向床面喷 2% 石灰清液,向床南面和室内四周喷敌敌畏和多菌灵。喷药后通气半天,覆薄膜。以后管理同前面所介绍,可收 3 茬菇。

2.用作饲料

如喂猪、喂兔时先要用热水浸泡 5~6min(每千克菜籽壳加水 12~15kg)并拌入细米糠和青饲料,发酵后即可投喂;也可直接用来喂兔,但应适当调制,适当加喂由玉米粉、豆饼粉、麦麸、大麦等组成的精料,并加少许盐水发酵后喂兔。开始有的兔子不愿吃,一般只要饲喂 2~3d 就习惯了。

3.用作覆盖材料

如雷笋可以草籽壳为覆盖技术。在每年 12 月上中旬对雷笋进行覆盖,提高竹笋地下温度,打破竹笋的休眠状态。覆盖后经 30~40d 便会开始出笋。覆盖厚度一般以 20cm 为宜。在覆盖的同时,施些猪粪、鸡粪之类的有机物。桑树等采用油菜籽壳覆盖,有助于改善土壤理化性状,提高土壤有机质含量,防止土壤径流和水土损失,减少水分蒸发,抑制杂草滋生,也有明显的增产效果。

4.直接堆肥或作沼气发酵材料

参见有关章节。

（二）菜籽皮

油菜籽的种皮占全籽的 12%～19%,皮中粗纤维高达30%～34%,全籽中 9%以上的植酸、色素、单宁及皂素等抗营养因子都存在于种皮之中,还含有少量的果仁、8%～10%的油和 19%左右的蛋白质,因此不脱皮而直接制油,除降低菜籽油品质,加深毛油色泽,增加精炼困难外,还将影响菜籽粕的品质、外观及适口性,使菜籽粕难以大量用作饲料,限制了菜籽粕蛋白质资源的利用。但油菜籽种皮厚度在 26～28μm,且与子叶结合紧密,较难去除。

我国是油菜籽生产大国,油菜籽种皮比例按 16%计算,脱皮处理可以使75%的油菜籽种皮分离并得以收集。目前可利用方式有:

（1）制取菜籽油。菜籽皮中脂肪含量为 8%～10%,因此将菜籽种皮收集后,可以浸出制油。

（2）提取植物多酚和植酸。可利用其有效成分（如含植物多酚3.8%～5.0%,植酸 2%～3%）,作进一步深度开发,以提高其使用价值和经济价值。植物多酚和植酸是在食品、日化和高分子合成中很有实际应用前景的一种天然抗氧化剂。

（3）提取单宁物质。植物单宁是一类重要的天然活性物质,广泛应用。油菜籽中 90%以上的单宁都存在于种皮之中。一般是采用水或者有机溶剂提取。

（三）菜籽饼粕

菜籽饼粕是一种良好的蛋白质饲料,但因含有毒物质,使其应用受到限制,实际用于饲料的仅占 2/3,其余用作肥料,浪费了蛋白质饲料资源。菜籽粕的合理利用,是解决我国蛋白质饲料资源不足的重要途径之一。为解决菜籽的毒性问题,改善菜籽饼粕的饲用价值,植物育种学家一直致力于"双低"油菜品种的培育,并于1974 年第一个"双低"油菜品种在加拿大诞生,之后许多"双低"油菜品种陆续育种成功并得到迅速推广,到 80 年代末,欧洲一些国家基本实现了油菜品种双低化。我国双低油菜品种的研究始于20 世纪 70 年代中后期,但发展迅速,已选育出多个双低油菜品种,推广面积也迅速扩大,达到目前油菜种植总面积的 30% 以上。

所谓"双低",是指菜油中芥酸含量低、菜饼中硫代葡萄糖苷含量低。采用双低油菜籽制油后将得到 58%~62% 的菜籽粕。要制得蛋白质含量较高的双低菜籽粕,关键是在对浸出后的湿粕加热脱溶处理时要慎重,以免蛋白变质。此外,菜籽粕中粗纤维含量较高,为 12%~13%,有效能值较低;碳水化合物为不宜消化的淀粉,且含有 8% 的戊聚糖,雏鸡不能利用。矿物质中钙、磷含量均高,但大部分为植酸磷,富含铁、锰、锌、硒,尤其是硒含量远高于豆饼。维生素中胆碱、叶酸、烟酸、核黄素、硫胺素均比豆饼高,但胆碱与芥子碱呈结合状态,不易被肠道吸收。

我国原有油菜品种的菜油中芥酸含量 45% 左右,菜籽饼中硫代葡萄糖苷含量占菜籽饼干质量的 4%~7%。而单低或双低油菜菜油的芥酸含量已降至 3% 以下,菜籽饼中硫代葡萄糖苷含量仅为菜饼干质量的 0.3% 以下。硫苷是影响菜籽饼营养的主要成分,作为饲料用,硫苷含量过高就会对畜禽产生毒害作用,其水解产物还有怪味道,影响猪的进食,且水解产物氰、腈等是有毒物质,其中,氰会导致畜禽肝脏和心脏出血。因此,高硫苷的菜籽饼在饲料中添加量不能过多,一般可添加 3%~5%,而低硫苷的菜籽饼可掺 20%。但"双低"菜籽饼粕与普通菜籽饼粕相比,粗蛋白、粗纤维、粗灰分、钙、磷等常规成分含量差异不大,"双低"菜籽饼粕有效能、蛋氨酸、精氨酸略高,其中赖氨酸含量和消化率显著高于普通菜籽饼粕。

菜籽饼粕成分及营养价值为:干物质 88.0%、粗蛋白 35.7%、粗脂肪 7.4%、粗纤维 11.4%、无氮浸出物 26.3%、粗灰分 7.2%、钙 0.59%、磷 0.96%、非植酸磷 0.33%、猪消化能 12.05MJ/kg、猪代谢能 10.71MJ/kg、鸡代谢能 8.16MJ/kg、肉牛消化能 11.51MJ/kg、奶牛产奶净能 5.94MJ/kg、羊消化能13.14MJ/kg、赖氨酸 1.33%、蛋氨酸 0.60%、胱氨酸 0.82%、苏氨酸 1.40%、异亮氨酸1.24%、亮氨酸 2.26%、精氨酸 1.82%、缬氨酸 1.62%、组氨酸 0.83%、酪氨酸 0.92%、苯丙氨酸为 1.35%、色氨酸为 0.42%。

1. 高蛋白饲用粕

低硫苷饼粕蛋白质含量为 36%～42%,较大豆粕低,但从蛋白质的氨基酸组成来看,双低菜籽粕的质量明显优于大豆粕,其氨基酸的平衡情况较好、氨基酸组成合理,是较好的饲用蛋白源。特别是其含有较多的含硫氨基酸,如蛋氨酸和胱氨酸,而大豆粕含有较多的赖氨酸,所以两种粕混合使用可以起到很好的蛋白质和氨基酸互补效果,使氨基酸更趋平衡。

2. 菜籽浓缩蛋白

菜籽粕中含有粗蛋白、粗脂肪、卵磷脂、多种维生素、氨基酸等。一般来说,其蛋白质含量可达 30%～45%,比稻米、小麦、玉米含量高数倍,可消化蛋白质达 27.8%,硫氨基酸含量比大豆蛋白高,蛋氨酸、胱氨酸和苏氨酸含量也高于其他植物蛋白,几乎不存在限制氨基酸。此外,菜籽粕中还含有较高胆碱、生物素、叶酸、烟酸、泛酸及硫胺素、核黄素等 B 族维生素和 Ca、P、Fe、Se、Cu、Zn、Mn 等多种微量元素,是一种量多质优的植物蛋白资源。

菜籽浓缩蛋白的制取,实质上是以脱皮、脱脂粕为原料,选用某种溶剂萃取硫苷、单宁、植酸等有害成分,并除去可溶性非蛋白成分,使蛋白质含量富集到 65% 的菜籽蛋白产品。

双低菜籽浓缩蛋白成分为水分 7.24%、蛋白质 62.48%、粗脂肪 0.28%、粗纤维 6.73%、灰分 4.08%、单宁 0.13%、植酸 4.62mg/100g。双低菜籽浓缩蛋白的氨基酸组成分别为:天门氨酸 8.87mg/100g、苏氨酸 4.43/100g、丝氨酸 4.13mg/100g、谷氨酸 19.74mg/100g、甘氨酸 4.21mg/100g、丙氨酸 4.39mg/100g、缬氨酸 4.35mg/100g、蛋氨酸 1.55mg/100g、异亮氨酸4.06mg/100g、亮氨酸 5.32mg/100g、酪氨酸 2.9mg/100g、苯丙氯酸 3.99mg/100g、组氨酸 1.86mg/100g、赖氨酸 1.83mg/100g、精氨酸 2.4mg/100g。

3. 天然复合氨基酸

由菜籽饼粕制作的食品强化剂——复合氨基酸,色泽洁皂,得率为 32%,纯度可达到 94%,且不含异硫氰酸酯等毒素;含 19 种氨基酸其中,含 7 种必需氨基酸,占氨基酸总量的 31.2%,还较多地含有胱氨酸、羟赖氨酸、羧脯氨酸,是氨基酸中的较好产品。

4. 提取植酸或植酸盐

植酸在菜籽粕中的含量最高,达 2%～4%,可与多种金属离子相结合,并能与蛋白质、金属离子组成三元复合物,一方面造成金属离子如 Ca^{2+}、Zn^{2+}、Mg^{2+} 等的缺乏,另一方面降低部分酶的活力,影响蛋白质的溶解度,降低动物对矿物质元素的吸收利用,造成微量元素锌的缺乏,从而抑制动物的生长发育。在开发利用菜籽粕蛋白资源的同时,可开发提取分离植酸盐、单宁等产品。

四、花生

花生作为食品营养丰富、口味香脆、吃法多样。花生果仁含 70%～80%,含壳 20%～30%。在花生仁中,脂肪占 44%～54%,蛋白质占 24%～36%,糖类占 12%～13%,水分占 7%～11%,胚占 4%,种衣占 8%。另外,还含有人体所必需的 8 种氨基酸及丰富的维生素,无机盐等。花生加工后的副产品用途极为广泛。

(一)花生壳的开发利用

我国平均每年生产花生约 600 万 t,约有 150 万 t 花生壳。长期以来大量的花生壳被抛弃或作燃料,不仅资源浪费,且造成环境污染,近年来已有开发利用。

1. 用花生壳制取胶黏剂

花生壳中含有一定量的多元酚类化合物,对甲醛具有高度的反应活性,可用来代替或部分代替苯酚制取酚醛树脂胶黏剂。花生壳用氢氧化钠溶液浸提,提取液中含有多元酚、木质素、粗蛋白等物质。将花生壳碱提取液与苯酚、甲醛按一定比例混合加热可得到类酚醛树脂胶黏剂。用花生壳碱提取液取代 40％的苯酚制备出来的酚醛胶,用来黏合胶合板,比酚醛树脂胶可缩短热压时间。

2.用花生壳制药剂

用花生壳做原料,提取的药物对治疗高血压及高血脂症有显著疗效。云南省药物研究所的科研人员经初步化学分离,从花生壳中可得到 β-谷甾醇、β-谷甾醇-D-葡萄糖苷、木樨草素及皂苷。β-谷甾醇有降血脂作用,木樨草素是一种黄酮类他合物,文献中有镇咳作用的记载。

3.用花生壳制造碎料板

花生壳经粉碎后,同热固型黏合剂按一定比例混合,在 180～200℃和 15～30g/cm³ 压力下可热压成板材。同用碎木片制作的碎料板相比,这种用花生壳制作的碎料板不容易吸潮,不易燃,抗白蚁破坏,而且所用的树脂黏合剂可减少 10％～15％。另外,花生壳经适当处理,可以不添加胶黏剂,直接加工成多种建筑板材和成型材料。首先,在高温条件下用蒸汽处理花生壳,使其纤维物质水解为单体糖、糖聚合物、脱水碳水化合物和其他分解产物,产品稳定性良好。

4.用花生壳栽培食用菌

用花生壳栽培食用菌方法比较简单,将花生壳直接浸入 20％的石灰水中消毒 24h,捞出后在清水中洗净,调至 pH 值 7～8。把粉碎软化的花生壳放进蒸笼,在常压下蒸 8～10h,使其熟化。然后按花生壳 78％、麸皮 20％、熟石膏 2％的比例配料,在菇床上铺平,接入菌种即可。也可将花生壳用沸水煮 20min,捞出后稍加冷却,待温度降至 30℃,即可铺平于菇床,播上菌种进行培养。

5.用花生壳加工饲料

花生壳经简单的粉碎加工,可成为家畜、家禽的好饲料。花生壳经硝酸处理木质后,加入一种链锁状的芽孢菌类的菌种,也可加入制作普通面包的酵母,使之产生分解作用。花生壳经微生物作用后消化率可达 50％以上,蛋白质含量为 15％,这就可把花生壳转变为易消化、有营养并且便宜的饲料。

6.用花生壳生产肥料和处理污水

花生壳经粉碎后,用 96％的硫酸和 85％的磷酸的混合物处理,使之发生放热反应。分解完成后,添加一定量的碳酸钾和58％的氨水加以中和,最后经干燥、造粒,得到肥料。花生壳经适当处理,还可制得一种缓慢释放养分的肥料。用碳酸钾、硝酸铵等无机肥料和啤酒酿造厂的液体废料,浸润经处理的花生壳,经干燥,使之牢固附着在花生壳上。最后用从花生壳中提取的含有木质素的液体物质加以浸泡,干燥后形成一层包覆膜。这种肥料只有在花生壳分解时才向土壤中释放养料。同时,国外科研人员发现,花生壳可用来吸附废水中的重金属,粉碎得越细,吸附效果越明显,在 pH 值 5～7 时,最适宜从废水溶液中除去铜。

(二)花生种衣的开发利用

现代医学研究表明,花生种衣含有止血的特种成分——维生素 K。维生素 K 是人体维持血液正常凝固功能所必须的一种成分,缺乏时可导致血液凝固迟缓和容易出血。花生种衣有抗纤维蛋白的溶解,促进骨髓制造血小板,缩短出血时间,加强毛细血管的收缩,调整凝血因子缺陷的功能。用花生种衣做原料,经精深加工,制成宁血片、止血宁注射液、宁血糖浆等,可治疗多种内外出血症。

第三节 果蔬加工废弃物处理与利用

据联合国粮农组织(FAO)统计,2007 年,中国蔬菜播种面积和产量居世界第一,分别占世界总量的 43％和 49％。2013 年中国蔬菜播种面积为 2 089.9 万 hm²,较 2011 年的 2 036.3 万 hm²

增长 2.6%。是年,中国蔬菜总产量为 7.02 亿 t,人均产量超过 500kg。2013 年,中国果园面积 1 237.1 万 hm^2,水果总产量超 2 亿 t,居世界第一。果树与蔬菜种植面积之大、总产量之高,都已超过我国的主粮生产。果蔬除大部分鲜食外,一部分进入加工环节,比如速冻蔬菜、脱水蔬菜、腌渍蔬菜、罐头食品加工等。但是,在果蔬加工过程中,产生了大量的果蔬加工废弃物(包括加工过程中产生的废水),已经构成对农田、水体和人居环境的严重威胁,成为一种不可忽视的污染源。因此,对果蔬加工废弃物的处理和利用,实现资源化利用是必然途径。

一、腌渍蔬菜废弃物利用

(一)利用腌渍蔬菜废弃物生产调味品

宁波市某加工企业,年加工腌渍雪菜、高菜的食品约 2 万 t,加工过程中的固体废弃物(菜卤、菜叶、菜头)约占 10%,固体废弃物中有 50%经过挤压、打浆、过滤、调味、杀菌处理制成雪菜、高味原汁或芥菜调味汁,其余 50%经过处理作为咸味添加剂使用。

芥菜调味汁生产的工艺流程:

下脚料→粉碎→压榨→粗滤→超滤→调配→杀菌→罐装→芥菜调味汁。

咸味添加剂回收处理工艺流程:

下脚料→粉碎→浸泡→压榨→提取乳酸发酵汁→调配→喷雾干燥→乳酸发酵粉→称量包装→包装→咸味添加剂。

经过上述处理后,剩下实在不能利用的部分残渣全部移交废品回收公司统一处理。

(二)废水处理后再利用

腌渍蔬菜加工中所产生的大量废水,可通过序批式活性污泥法(简称 SBR 法)回收处理再利用。20 世纪 70 年代,美国 R·Irvine 教授等发起对 SBR 的研究,我国则在 20 世纪末和 21 世纪初才对其引起重视和改良。上述宁波这家腌渍、腌渍高菜的加工企业,通过建立 SBR 法污水处理设施,污水经过生化处理,COD$_{cr}$ 由原水的

2 460mg/L 降至 60mg/L 以下,BOD$_5$ 由原水的 200mg/L 下降至 10mg/L 以下,SS 由原水的 220mg/L 下降至 30mg/L 以下,NH$_3$ - N 含量由原水的 52.2mg/L 下降至 1mg/L 以下。污水处理后废水各项指标达到 GB 8978《污水排放综合标准》中一级排放标准。

1. SBR 工作原理

SBR 法是将进水、反应、沉淀、排水和闲置等 5 个基本工序集于一个反应器内,周期性地完成对污水的处理,SBR 技术的核心是 SBR 反应池。其运行周期,各阶段的安排及组合、反应器内混合液体体积等情况可以根据污水水质、水量情况和出水水质要求等灵活掌握。SBR 技术本身是活性污泥法的一种,去除污染物的机理与传统的活性污泥法完全一致,但其操作过程又与活性污泥法根本不同。

2. SBR 工艺特点

SBR 是一间歇运行的污水处理工艺,运行时间的有序性,使它具有不同于传统连续流活性污泥法(CFS)的一些特性:①工艺简单,占地面积小,工程造价低;②时间上具有推流式反应器特性;③运行方式灵活,处理效果好,脱氮除磷良好功能;④污泥沉降性能良好;⑤水质水量的波动适应性好。

3. SBR 工艺流程

SBR 工艺流程如图 5 - 8 所示。

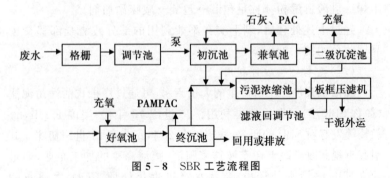

图 5 - 8   SBR 工艺流程图

图 5-8 中调节池、好氧池、厌氧池、沉淀池构成一体,称为 SBR 反应池。它是 SBR 主体构筑物,曝气池和二沉池的功能集中在该池子上,兼行水质水量调节、微生物降解有机物和固液分离等功能。

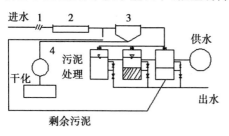

图 5-9　处理生活污水 SBR 三池系统

1.格栅;2.沉砂池;3.初沉池;4.污泥管道

SBR 按周期运行,每个周期的循环过程包括进水、反应(曝气)、沉淀、排放和待机等 5 道工序。其图 5-9 为处理生活污水 SBR 三池系统。

4.SBR 基本操作

SBR 整个操作通过自动控制装置完成(图 5-10)。在反应周期内,各阶段的控制时间和总水力停留时间根据实验确定。在反应阶段,曝气时间决定生化反应的性质。当采用完全曝气时,反应器内发生的是需氧过程;但在限量曝气条件下,可使反应器内产生缺氧或厌氧环境。一个 SBR 反应器的运行周期包括 5 个操作过程,即进水期、反应期、沉淀期、排水排泥期和闲置期。从污水流入到闲置结束构成一个周期,所有处理过程都是在同一个反应器内依次进行,混合液始终留在池中,从而不需另外设置沉淀池。周期循环时间及每个周期内各阶段均可根据不同的处理对象和处理要求进行调节。

除通过 SBR 法外,还有一些其他工艺和技术,如间歇式循环

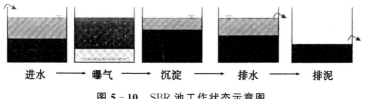

进水 ⟶ 曝气 ⟶ 沉淀 ⟶ 排水 ⟶ 排泥

图 5-10　SBR 池工作状态示意图

延时曝气活性污泥法（ICEAS）、上流式厌氧污泥床反应器（UASB）等工艺。

二、果渣果胶

果渣包括果皮、种子和果梗，主要以果皮为主。我国对果皮的开发研究始于 20 世纪 50 年代，但进展缓慢。改革开放后，随着水果加工业的发展，果皮利用研究才得以重视。目前主要是从水果果皮中提取果胶、精油、膳食纤维、色素、类黄酮化合物及其他抗氧化成分、香料香精和其他功能性成分等，也有将果皮渣发酵成饲料。膳食纤维是一种不能被人体消化的碳水化合物，可分为水溶性纤维与非水溶性纤维。纤维素、半纤维素和木质素是 3 种常见的非水溶性纤维，存在于植物细胞壁中；而果胶、菊粉和树胶等属于水溶性纤维，存在于自然界的非纤维性物质中。常见食物中的水果、蔬菜、麦类、豆类等食物都含有丰富的水溶性纤维，水溶性纤维可减缓消化速度、快速排泄胆固醇，可帮助糖尿病患者降低胰岛素和三磷酸甘油酯的作用。

果胶是一种高分子聚合物，广泛存在于高等植物细胞壁和细胞间质内，通常为白色或淡黄色粉末，无臭，味微甜，稍带酸味，不溶于乙醇、甲醇等有机溶剂，溶于热水，微溶于冷水。果胶由于具有优良的凝胶性和乳化稳定性，使其成为食品工业中一种重要的添加剂，现已被广泛应用于果酱、果冻、糖果、乳酸及果汁饮料等食品中。近年来许多研究发现，果胶作为可溶性膳食纤维具有抗腹泻、抗癌、治疗糖尿病等功效，其应用范围不断扩大。除此之外，果胶也是一些药物、保健品及化妆品中不可缺少的辅助原料。

（一）柑橘皮渣

柑橘加工后皮渣数量很大，传统做法是填埋或生产加工成动物饲料。但填埋处理容易引起霉变发臭，严重污染环境；加工成饲料往往需要进行干燥处理，能源消耗过大，均不利于环境和经济的可持续发展。柑橘皮渣主要成分：果皮占 60%～65%、果渣占30%～35%、果籽占 0%～10%，还有其他有效成分，如橘皮精油、果胶、类黄酮化合物等;处理利用:①提取橘皮精油;②提取果胶;③提取橘皮色素;④提取膳食纤维;⑤提取类黄酮化合物;⑥发酵生产酶制剂。

（二）葡萄皮渣

我国鲜食葡萄产量居世界首位。据研究测定,葡萄皮渣中含有多酚、色素、葡萄籽油和蛋白质等多种成分,完全可以对葡萄皮渣进行开发利用,目前已在开发的有:①生产酒石酸;②提取色素;③提取多酚类物质等;采用较多的还有:提取葡萄籽油;利用葡萄皮渣酿制白兰地;利用葡萄皮渣酿醋;利用葡萄皮渣生产活性炭;用作饲料生产等。还可用于提取精油和萜类物质、蛋白质,制作肥皂和洗涤剂、提取原花青素等。

（三）番茄皮渣

目前,国内外生产企业主要是制备番茄红素,其制备方法主要有溶剂萃取法、超临界萃取法、高压脉冲和超声波辅助溶剂萃取法、微生物发酵法、化学合成法等。传统的溶剂萃取法溶剂消耗量大,且提取得率只有28%,生产成本过高,新疆晨光天然色素有限公司对利用番茄皮渣提取番茄红素的生产工艺进行了优化,其生产工艺流程见图5-11所示。经测定,产品中的番茄红素总类胡萝素含量为85.62%,番茄红素得率为95.05%。目前,此工艺已在生产中应用,适用于各中、小企业。此外,番茄皮渣制备膳食纤维的开发也已成功,可提高番茄深加工产品的附加值,为工厂带来经济效益的同时,还解决环境污染问题。

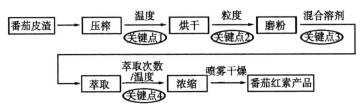

图5-11 番茄皮渣处理工艺流程

第四节 食用菌类废弃物处理与利用

据中国食用菌协会统计,2012 年中国食用菌产量接近 31.2 万 t,是全球食用菌生产第一大国,占全球总产量的 70% 以上,总产值超过 1 000 亿元,仅次于种植业中的粮、棉、油、果、菜,超过了茶叶和蚕桑产业。食用菌栽培的新型原料不断得到开发,在技术上取得了一系列成就,如稻草、高粱秆、玉米芯、棉秆、酒渣、豆腐渣以及各类畜禽粪便等,均是食用菌生产的主要原料和基料,而且具有较高的生物效率。如以玉米芯、木屑、棉籽壳人工栽培平菇,生物效率高达 100%~150%;以木屑为主要原料栽培香菇、木耳、金针菇,适当配棉籽壳、玉米芯、甘蔗渣等,生物学效率达 70%~100%;草菇、双孢蘑菇等草腐菌以稻草、麦秆、玉米秆和牛粪等为主要原料,生物学效率达 30%~40%。

然而,随着食用菌产业的迅速发展,菌渣处理也引起了人们的广泛关注。传统的处理手段是直接丢弃于田头、路旁、河沟或直接燃烧,这不仅会造成农业有机资源的浪费,而且对水源、空气、土壤与环境造成了严重污染,影响食用菌后期种植的产量和质量,引发病害,污染环境。

食用菌菌渣是一种富含营养的农业废弃物,在食用菌采收之后,有大量的菌丝体和有益菌留在了菌棒上,并且在菌丝生长过程中通过酶解作用产生了多种糖类、有机酸类、酶和生物活性物质。菌渣中含有丰富的蛋白质、纤维素和氨基酸等。以棉籽壳菌渣为例,据测定,棉籽壳菌渣中含有粗蛋白 13.15%、粗脂肪 4.20%、粗纤维 31.56%、粗灰分 10.89%;新鲜的金针菇菌渣含水 45.3%、粗蛋白 4.8%、粗脂肪 1.9%、粗纤维 28.195。其他食用菌菌渣也是同样如此,富含营养物质。几种菌渣的主要营养成分如表 5-3 所示。

表 5－3　几种菌渣营养成分比较表

项目	营养成分含量（％）						
	粗蛋白	粗纤维	粗脂肪	粗灰分	无氮浸出液	钙	磷
棉籽壳菌渣	13.15	31.56	4.20	10.89	31.11	0.27	0.07
秸秆菌渣	12.69	14.90	4.55	19.10	39.03	—	—
麦秆稻草菌渣	10.20	9.32	0.12	—	48.00	3.20	2.10
壳菌渣	8.09	22.95	0.55	15.52	38.50	2.12	0.25
香菇菌渣	8.76	30.00	0.62	7.93	—	1.08	0.36
稻草菌渣	6.37	15.84	0.95	38.66	23.75	2.19	0.33
木屑菌渣	6.73	19.80	37.82	13.81	1.81	0.34	
玉米芯菌渣	8.00	14.30	1.40	—	63.05	1.00	0.30
砻糠菌渣	3.82	25.63	0.89	27.94	33.27	0.50	0.57

　　因此,把菌渣当做废弃物没有回收利用,在资源上是一种极大浪费。按照低碳循环的经济理念,积极开发食用菌菌渣资源的再利用,或作为有机肥,或用作饲料、燃料或经过配方调整继续作为原料用于栽培其他品种食用菌,使菌渣这种"废弃物"得到再利用,让其获得经济效益的同时,完成生态良性循环,具有十分重要的意义。

一、菌渣再利用培养食用菌

　　食用菌产业的发展,很大程度上依赖于林木资源,随着食用菌栽培规模的不断扩大,导致林木资源被过度消耗,但替代原料的开发进展缓慢,资源短缺的问题必将影响食用菌产业的发展;同时,近年来秸秆、木屑等原材料价格的攀升使得食用菌栽培成本也不断增加。为保障食用菌栽培基料的持续供给,必须寻求新的替代资源。如前所述,一些培养料在栽培完食用菌后仍具有丰富的营养。万水霞(2009)等试验证明:将 25％的金针菇菌渣添加到棉籽壳中栽培平菇,平菇菌丝生长快,长势良好;在培养基培养料中加入 30%秀珍菇菇渣栽培双孢菇,生物学效率达到 63%,比常规栽培料高出 10%;陶陶等利用平菇菌渣栽培鸡腿菇的配方中添加不超过 35%的平菇菌渣,菌丝生长良好;张永新(2006)用白灵菇菌糠栽培鸡腿菇,改变了 1 个菇棚一年只进行一季生产,原料只使用 1 次的现状,取得了明显的经济、社会和生态效益。因此,菌渣作为栽培食用菌后剩下的培养基料是一个资源再利用的良好选择。菌渣不仅含有相当可观的未被利用的营养成分,而且这些营养成分化学物结构简单,持水性和物理性质都较棉籽壳好,有利于菌丝吸收利用,快速生长。

菌渣再利用,需掌握以下技术要点。

1. 原料挑选

要挑选干燥、无霉变的菌渣进行再利用,并且必须经过高温发酵、严格灭菌,以免造成二次污染。

2. 合理配方

浙江省农业科学院对此进行了配方添加试验,对香菇菌渣的利用提出了 5 个配方(表 5-4),经浙江省多地试验,都取得了良好效果。

表 5-4 供试的 5 个栽培料配方

配方	香菇菌渣(%)	棉籽壳(%)	麸皮(%)	石膏粉(%)	蔗糖(%)
1	26.0	52.0	20.0	1.0	1.0
2	39.0	39.0	20.0	1.0	1.0
3	52.0	26.0	20.0	1.0	1.0
4	78.0		20.0	1.0	1.0
5	0	78.0	20.0	1.0	1.0

3. 操作程序(以香菇为例)

(1)拌料及装袋。将采收结束后无杂菌感染的香菇菌棒粉碎成木屑,按配方称取各种基质,充分混合拌料。选用长 55cm×25cm×0.005cm 的聚乙烯袋装料,控制培养料含水量在 60%～65%,每袋装料 0.5kg,高压灭菌锅灭菌 3h。

(2)接种发菌。接种室接种时,要用紫外灯照射 6h,待料袋温度降至 30℃以下后,就可进行接种。接种后搬入经消毒的培养棚内堆叠培养,温度为 24℃,空气相对湿度控制在 65%～70%,遮光培养。发菌管理的重点是控制温度与适时通风,保持棚内空气清新,接种后 15d 要翻堆一次,全程翻堆 2 次,接种 60d 菌丝即满袋。

(3)出菇管理。菌丝满袋后,将菌包转入出菇室,当菌包上出现小菇蕾时开始出菇管理。控制菇房温度为 13～18℃,喷水使空气相对湿度达到 85%以上,室内光照强度以 600～800lx 为宜,每天通风 1 次,每次 30min。

(4)采收。当菌盖直径 2～3cm,菌柄长 4～5cm 时采收。同时要按规定进行子实体测定,测定项目包括:子实体菌盖厚度和菌盖直径、菌柄粗和菌柄长、菌盖颜色,称量并计算子实体平均单菇重等。统计每包产量、总产量和生物转化率等。子实体碳水化合物、脂肪、粗纤维、蛋白质由专业的检测机构测定。检测合格可以上市。

实践证明,菌渣再利用好处很多:

(1)菌渣经过高温后,不仅杀死了多数病原菌,而且使得育苗和播种期能提前一周以上,污染率减低。同时,菌渣重量轻,还可减轻农民劳动负重,方便农户田间搬运育苗盘。

(2)废弃菌渣经 2 次再利用后,菌渣营养转化效率可达到 75%～80%,不仅能生产出更多的食用菌,而且降低了育苗成本,提高了育苗质量,节约了生产成本,解决了废弃菌渣对环境的污染,实现循环使用。

二、菌渣作为饲料

食用菌培养基质主要由棉籽壳、锯木屑、玉米芯、甘蔗渣、农作物秸秆(如稻草、麦秆、玉米秆等)、动物有机肥(如牛粪、鸡粪、羊粪等)构成。这些基质经过多种微生物的发酵作用所产生的大量食用菌菌丝体中,营养价值丰富,纤维素、半纤维素和木质素等均已被很大程度地降解,粗蛋白、粗脂肪含量均比发酵前显著提高,粗纤维明显降低,并且含有丰富的氨基酸、菌类多糖及 Fe、Ca、Zn、Mg 等大量与微量元素。其中,粗蛋白 6%~13%,粗纤维10%~30%,粗脂肪 1%~5%,并富含生物活性物质,其特有香味还能提高畜禽的适口性,因此具有很高的饲料价值。将废弃菌渣通过微生物发酵处理可制成优质饲料,用于家禽、生猪养殖,效果好于麦麸。

研究表明:用平菇菌糠饲喂奶牛、羊、鹅仔、鹅和獭兔等,可明显降低饲料成本,日增重效果明显。李浩波等用菌渣饲料饲喂母猪发现,对窝均产活仔数、平均初生重、泌乳力和断奶周内返情率等繁殖性能的影响作用均呈显著正相关,以 30%菌糠组投喂对提高仔猪断奶成活率、降低仔猪腹泻等疾病和猪只定型行为发生的作用明显。另外,也有很多人利用菌渣进行了发酵饲料的研究,也都取得良好效果,如李志香等(2003)以醋糟和棉籽壳为基质的菌渣废料,分别加入多种饲料酵母进行同体发酵,结果表明,不同基质的菌渣发酵饲料的粗蛋白含量均高于 20%,可作为禽畜功能型饲料予以开发利用。

此外,通过分析测定,还发现菌渣中含有一些代谢产物,如微量酚性物质、少量生物碱、黄酮及其苷类、有肌酸、多肽、皂苷植物甾醇及三萜皂苷等化学物质,这些物质构成了抗病系统,能够提高畜禽的抗病能力。因此,将食用菌菌渣作为饲料或添加剂来取代麦麸、豆粕等常规饲料,既安全又营养,同时还能降低生产成本,有效缓解饲粮不足的矛盾,具有广阔的发展前景。

三、菌渣作为肥料

废弃菌渣有机质含量高达 30%以上,是秸秆直接还田的 3 倍,氮磷钾含量也远高于鲜鸡粪。菌渣疏松透气,可缓解土壤板结。因此,以菌渣为原料,只需添加部分其他原料,既可加工成符合国家标准的商品有机肥料,也可将废弃菌糠直接堆积发酵后,当作肥料使用。此外,还可在废弃菌渣中加入草炭土等制成用于育苗的营养基质,成本低、效果好。

熊小兴等利用菌渣发酵后制成的有机肥进行小白菜小区试验,结果表明,菇渣有机肥有助于改善小白菜的生物学性状,小白菜的叶片长、叶柄长和叶片宽等性状均优于常规施肥处理。增施菌渣有机肥可使小白菜增产11.2%,叶绿素含量提高9.3%,可溶性糖含量提高3.9%,营养品质得到显著改善;菌渣制成有机肥施用于水稻,能使水稻增产6.2%~8.3%,经济效益明显增加;用以回填脐橙果园,可明显改良果园土质,提高脐橙产量,优质果率有较明显效果。朱小平等用微生物加菌渣施于辣椒和菠菜也取得明显效果。微生物加菌渣,促进了土壤养分转化,提高了辣椒和菠菜的产量。

四、菌渣能源化利用

1.用作沼气发酵原料

菌渣制作饲料后,还有一部分不能利用,可连同饲养牛、猪产生的粪便送入沼气池转化为沼气,可产气提供清洁能源,而沼渣则直接送入菜园或果园施肥。

2.用作气化原料

不能利用的菌渣,可以送到气化站,将其晒干粉碎后送入专用气化炉生成 H、CO、CH 等燃烧气体,再将气体通过燃气管道输送到村民家中加以利用。试验证明,菌渣气化具有很大的优越性。李娇将废菌棒及生物质能源通过气化炉气化产生可燃气体,49kg 的废菌棒可持续燃烧 6.5h,1 500 段废菌棒能灭菌 3 100 段香菇菌棒。

3.直接用作燃料

食用菌培养料大都以木屑、棉籽壳、玉米芯等农作物秸秆为主要原料,因此菌渣可在晒干后,直接作为燃料;也可以木屑为主要原料,添加适当的废弃菌渣,制成颗粒,用做燃料。这种生物质颗粒体积小、密度大、热量高、储运方便、燃烧稳定。

五、加工人造板

人造板包括刨花板和纤维板,是以木质纤维、植物纤维或木屑为原料,施加胶黏剂制成的板材。菌渣所含碎木屑密度为600kg/m³,因此,可以制作刨花板、纤维板。

此外,菌渣还可作为接种剂用于生态环境污染的修复材料,目前虽研究报道较少,但这是一个值得重视的课题。从菌渣中提取活性物质尚处于研究初级阶段,大多研究只是提取一种活性物质,大量用于生产还有难度。

第五节 中药材加工废弃物处理与利用

随着我国中医药事业的发展,中草药生产、加工过程中产生的中药渣废弃物日益增多。中药渣一般为湿物料,长期堆置不处理极易腐坏,其味异臭,夏季更为严重,对环境造成极大污染。因此,如何有效地对中药渣进行综合利用,使其不污染环境,又能更好地为人类服务,成为社会迫切需要研究解决的问题之一。

一、中药渣的主要来源及化学成分

中药渣来源于中成药生产、原料药生产、中药材加工与炮制及含中药的轻化工产品生产等。中成药生产带来的药渣量最大,约占药渣总量的70%。南京金陵制药厂生产"脉络宁"的废弃药渣,经江苏省农业科学院蔬菜所测定,不含有害物质,有机质含量55.79g/kg,全氮含量 27g/kg,全磷含量 2.06g/kg,全钾含量6.0g/kg,铁含量2.41g/kg,锰含量1.46g/kg,铜含量0.028g/kg,锌含量0.1g/kg,钙含量8.62g/kg,镁含量2.11/kg,重金属含量铅为14.7mg/kg,铬为 14.6mg/kg,镉为 1.1mg/kg,砷为 0.3 mg/kg,未检测到重金属汞,是一种优质的有机肥料和有机基质原料。

二、中药渣资源化利用的途径

1.中药渣用于育苗及栽培基质

新鲜的中药渣因其中含有虫卵、病菌及有毒有害物质,不能直接作为育苗或栽培基质,要经过高温好氧发酵才可用作育苗或栽培基质。周达彪等先将鲜湿中药渣进行粗粉碎,用鸡粪及预先晒干的中药渣调节碳氮比和含水量,接种 EM 菌液,约 35～40d 腐熟成功,此时中药渣呈棕褐色状且质地疏松、无腐臭味且含水量低于 40%,经发芽率试验检验后确定达腐熟标准。江苏省农业科学院蔬菜所 2007 年研究了中药渣与泥炭、蛭石、珍珠岩复配对辣椒生长的影响,结果表明,当中药渣:泥炭:蛭石=2:1:1 时栽培辣椒效果最好,其次为中药渣:泥炭:蛭石=1:1:1 和中药渣:泥炭:珍珠岩=2:1:1,经 3 个栽培处理的辣椒的产量和品质均优于对照。余德琴用中药渣与蛭石和珍珠岩按不同比例复配栽培叶用生菜,结果表明,50%中药渣+25%珍珠岩+25%蛭石的基质栽培配方有利于叶用生菜的茎和叶片的生长,以及植株产量的提高。

2.中药渣用于食用菌栽培

王慧杰利用中药渣(主要含有板蓝根、甘草、柴胡、生地、百部等 60 余种药渣)和醋渣,作为栽培基料进行平菇的栽培试验,结果表明,纯中药渣和纯醋渣均可用于栽培平菇,但醋渣配以等量的中药渣栽培平菇的产量高于单纯用中药渣或醋渣栽培平菇的产量。陈合等以中药渣为主要原料,用固体发酵法培养出的灵芝固体菌质,含有丰富的生物活性成分(灵芝菌多糖、灵芝酸三萜、蛋白质等),且重金属含量低、毒副作用小。姜国银等收集中医院水煎剂药渣(主要包括白芍、红花、柴胡、玄参、丹皮等 50 余种中药渣),进行猴头菇的栽培试验,结果表明,接种在含有 4 种中药渣栽培基料上的菌丝长势良好。潘继红等利用板蓝根药渣作为栽培料对平菇进行栽培,结果表明,添加板蓝根药渣的栽培料中平菇生长速度比对照组棉籽壳慢,但该组的菌丝质量较好,菌丝洁白、粗壮、浓密、结块性强。

3.中药渣用于禽畜饲料生产

杨亚东等利用人参渣、花粉渣、珍合灵渣(内含灵芝、甘草和珍珠层粉)及复方三宝素糖浆作为饲料添加剂,研究了中药渣对仔鸡生长发育和增重的影响,结果添加中药渣的各试验组的仔鸡重量分别较对照组增加了 5.28%、5.47%、3.91%、4.45%,同时采用中药渣作为饲料添加剂,对仔鸡安全、无明显毒性反应。杨松全等利用中药制剂"增长乐"的药渣(主要成分为党参、山楂、陈皮等),按不同比例添加到猪的基础日粮中,观察猪的日增重量,结果表明,添加 3%的中药渣并配合 1%高铜添加剂的饲料组其日增重量、饲料报酬及经济效益较理想。潘永全等研究了中药渣配合家兔日粮对其生长的作用,所用药渣主要有党参等。结果表明,添加中药药渣的饲料组与对照组相比,经济效益有所提高,耗料降低,日增重也比对照组高。

4.中药渣用于废水处理

罗鸿利用中药渣作絮凝剂,处理造纸废水,与无机絮凝剂、有机絮凝剂进行对照比较,发现自制中药渣具有良好的絮凝效果,并且作为天然高分子絮凝剂的中药渣制备简单,对造纸废水具有良好的处理效果。韦平英等利用板蓝根药渣对低浓度含铅废水进行处理,结果发现板蓝根药渣能快速吸附大量的铅,对低浓度的铅溶液吸附率更高,吸附速度更快。

第六节　屠宰及肉制品加工废物废水处理

屠宰及肉制品的加工废物废水,来自圈栏冲洗、淋洗、烫毛、屠宰分割、副食加工、洗油、车间设备和地面冲洗等。废水中含有动物粪便、血液、动物内脏、畜毛、碎皮、肉、油脂等,属高浓度有机废水。悬浮物、油脂等含量高,氨氮超标也较难处理。

一、屠宰及肉制品加工废水具有特点

(1)排水量大且不均匀。

(2)有机物浓度高,无其他有害物质,可生化性好。

(3)呈暗红色,血腥味。

(4)杂质和悬浮物多。

(5)大量的病原微生物。

(6)NH_3-N 浓度高。

(7)油脂含量高。

(8)pH 值 6～8.5,基本为中性。

二、屠宰及肉制品加工废物废水处理工艺

由于屠宰及肉制品加工废水水质的特殊性,其处理设计相当复杂。处理工艺不仅要投资少、稳定性高、运行本钱低,在设计细节中还应考虑生产治理和人工操纵方便等。根据屠宰及肉制品加工废水的特点,及屠宰及肉制品加工废水的可生化性好。蓝晨环保公司采用物化＋生化处理工艺,厂区污废水在排进污水处理设施前要做好前期预处理。采取的措施有:待宰圈、翻肠洗胃车间的牲口粪便、胃容物废水进入截粪池,由固液分离机往除大部分杂质;观察间、急宰间废水经消毒池排放,以杀死污水中的病原微生物;厂区内厕所便器排水经化粪池、厨房排水经隔油池等,最大限度地降低流进污水处理站的悬浮物、油污含量。

屠宰及肉制品加工废物废水处理工艺流程是:屠宰及肉制品加工废水经格栅拦截毛皮、碎肉、内脏杂物等大粒径杂质进调节池以调节水量和均化水质。调节池底部设穿孔曝气管搅拌防止发生沉淀。废水由设在调节池内的潜污泵提升通过流量计、旋转过滤机进入隔油沉淀池、气浮池,进一步去除废水中油脂及悬浮固体杂质后,进行生化处理。生化处理单元由水解酸化、A/DAT-IAT、流离生化池组成,处理达标消毒后排放。系统产生污泥经浓缩脱水后外运用作农肥。

环境监测管理办法

［国家环境保护总局令（第 39 号），
2007 年 9 月 1 日起施行］

第一条　为加强环境监测管理，根据《环境保护法》等有关法律法规，制定本办法。

第二条　本办法适用于县级以上环境保护部门下列环境监测活动的管理：

（一）环境质量监测；

（二）污染源监督性监测；

（三）突发环境污染事件应急监测；

（四）为环境状况调查和评价等环境管理活动提供监测数据的其他环境监测活动。

第三条　环境监测工作是县级以上环境保护部门的法定职责。

县级以上环境保护部门应当按照数据准确、代表性强、方法科学、传输及时的要求，建设先进的环境监测体系，为全面反映环境质量状况和变化趋势，及时跟踪污染源变化情况，准确预警各类环境突发事件等环境管理工作提供决策依据。

第四条　县级以上环境保护部门对本行政区域环境监测工作实施统一监督管理，履行下列主要职责：

（一）制定并组织实施环境监测发展规划和年度工作计划；

（二）组建直属环境监测机构，并按照国家环境监测机构建设标准组织实施环境监测能力建设；

（三）建立环境监测工作质量审核和检查制度；

（四）组织编制环境监测报告，发布环境监测信息；

（五）依法组建环境监测网络，建立网络管理制度，组织网络运行管理；

（六）组织开展环境监测科学技术研究、国际合作与技术交流。

国家环境保护总局适时组建直属跨界环境监测机构。

第五条 县级以上环境保护部门所属环境监测机构具体承担下列主要环境监测技术支持工作：

（一）开展环境质量监测、污染源监督性监测和突发环境污染事件应急监测；

（二）承担环境监测网建设和运行，收集、管理环境监测数据，开展环境状况调查和评价，编制环境监测报告；

（三）负责环境监测人员的技术培训；

（四）开展环境监测领域科学研究，承担环境监测技术规范、方法研究以及国际合作和交流；

（五）承担环境保护部门委托的其他环境监测技术支持工作。

第六条 国家环境保护总局负责依法制定统一的国家环境监测技术规范。

省级环境保护部门对国家环境监测技术规范未作规定的项目，可以制定地方环境监测技术规范，并报国家环境保护总局备案。

第七条 县级以上环境保护部门负责统一发布本行政区域的环境污染事故、环境质量状况等环境监测信息。

有关部门间环境监测结果不一致的，由县级以上环境保护部门报经同级人民政府协调后统一发布。

环境监测信息未经依法发布，任何单位和个人不得对外公布或者透露。

属于保密范围的环境监测数据、资料、成果，应当按照国家有关保密的规定进行管理。

第八条 县级以上环境保护部门所属环境监测机构依据本办法取得的环境监测数据,应当作为环境统计、排污申报核定、排污费征收、环境执法、目标责任考核等环境管理的依据。

第九条 县级以上环境保护部门按照环境监测的代表性分别负责组织建设国家级、省级、市级、县级环境监测网,并分别委托所属环境监测机构负责运行。

第十条 环境监测网由各环境监测要素的点位(断面)组成。

环境监测点位(断面)的设置、变更、运行,应当按照国家环境保护总局有关规定执行。

各大水系或者区域的点位(断面),属于国家级环境监测网。

第十一条 环境保护部门所属环境监测机构按照其所属的环境保护部门级别,分为国家级、省级、市级、县级四级。

上级环境监测机构应当加强对下级环境监测机构的业务指导和技术培训。

第十二条 环境保护部门所属环境监测机构应当具备与所从事的环境监测业务相适应的能力和条件,并按照经批准的环境保护规划规定的要求和时限,逐步达到国家环境监测能力建设标准。

环境保护部门所属环境监测机构从事环境监测的专业技术人员,应当进行专业技术培训,并经国家环境保护总局统一组织的环境监测岗位考试考核合格,方可上岗。

第十三条 县级以上环境保护部门应当对本行政区域内的环境监测质量进行审核和检查。

各级环境监测机构应当按照国家环境监测技术规范进行环境监测,并建立环境监测质量管理体系,对环境监测实施全过程质量管理,并对监测信息的准确性和真实性负责。

第十四条 县级以上环境保护部门应当建立环境监测数据库,对环境监测数据实行信息化管理,加强环境监测数据收集、整理、分析、储存,并按照国家环境保护总局的要求定期将监测数据逐级报上一级环境保护部门。

各级环境保护部门应当逐步建立环境监测数据信息共享制度。

第十五条 环境监测工作,应当使用统一标志。

环境监测人员佩戴环境监测标志,环境监测站点设立环境监测标志,环境监测车辆印制环境监测标志,环境监测报告附具环境监测标志。

环境监测统一标志由国家环境保护总局制定。

第十六条 任何单位和个人不得损毁、盗窃环境监测设施。

第十七条 县级以上环境保护部门应当协调有关部门,将环境监测网建设投资、运行经费等环境监测工作所需经费全额纳入同级财政年度经费预算。

第十八条 县级以上环境保护部门及其工作人员、环境监测机构及环境监测人员有下列行为之一的,由任免机关或者监察机关按照管理权限依法给予行政处分;涉嫌犯罪的,移送司法机关依法处理:

(一)未按照国家环境监测技术规范从事环境监测活动的;

(二)拒报或者两次以上不按照规定的时限报送环境监测数据的;

(三)伪造、篡改环境监测数据的;

(四)擅自对外公布环境监测信息的。

第十九条 排污者拒绝、阻挠环境监测工作人员进行环境监测活动或者弄虚作假的,由县级以上环境保护部门依法给予行政处罚;构成违反治安管理行为的,由公安机关依法给予治安处罚;构成犯罪的,依法追究刑事责任。

第二十条 损毁、盗窃环境监测设施的,县级以上环境保护部门移送公安机关,由公安机关依照《治安管理处罚法》的规定处 10 日以上 15 日以下拘留;构成犯罪的,依法追究刑事责任。

第二十一条 排污者必须按照县级以上环境保护部门的要求和国家环境监测技术规范,开展排污状况自我监测。

　　排污者按照国家环境监测技术规范,并经县级以上环境保护部门所属环境监测机构检查符合国家规定的能力要求和技术条件的,其监测数据作为核定污染物排放种类、数量的依据。

　　不具备环境监测能力的排污者,应当委托环境保护部门所属环境监测机构或者经省级环境保护部门认定的环境监测机构进行监测;接受委托的环境监测机构所从事的监测活动,所需经费由委托方承担,收费标准按照国家有关规定执行。

　　经省级环境保护部门认定的环境监测机构,是指非环境保护部门所属的、从事环境监测业务的机构,可以自愿向所在地省级环境保护部门申请证明其具备相适应的环境监测业务能力认定,经认定合格者,即为经省级环境保护部门认定的环境监测机构。

　　经省级环境保护部门认定的环境监测机构应当接受所在地环境保护部门所属环境监测机构的监督检查。

　　第二十二条　辐射环境监测的管理,参照本办法执行。

　　第二十三条　本办法自 2007 年 9 月 1 日起施行。

畜禽规模养殖污染防治条例

（2013 年 10 月 8 日国务院第 26 次
常务会议通过并于 2013 年 11 月 11 日
中华人民共和国国务院令第 643 号公布）

第一章 总 则

第一条 为了防治畜禽养殖污染,推进畜禽养殖废弃物的综合利用和无害化处理,保护和改善环境,保障公众身体健康,促进畜牧业持续健康发展,制定本条例。

第二条 本条例适用于畜禽养殖场、养殖小区的养殖污染防治。

畜禽养殖场、养殖小区的规模标准根据畜牧业发展状况和畜禽养殖污染防治要求确定。

牧区放牧养殖污染防治,不适用本条例。

第三条 畜禽养殖污染防治,应当统筹考虑保护环境与促进畜牧业发展的需要,坚持预防为主、防治结合的原则,实行统筹规划、合理布局、综合利用、激励引导。

第四条 各级人民政府应当加强对畜禽养殖污染防治工作的组织领导,采取有效措施,加大资金投入,扶持畜禽养殖污染防治以及畜禽养殖废弃物综合利用。

第五条 县级以上人民政府环境保护主管部门负责畜禽养殖污染防治的统一监督管理。

县级以上人民政府农牧主管部门负责畜禽养殖废弃物综合利

用的指导和服务。

县级以上人民政府循环经济发展综合管理部门负责畜禽养殖循环经济工作的组织协调。

县级以上人民政府其他有关部门依照本条例规定和各自职责,负责畜禽养殖污染防治相关工作。

乡镇人民政府应当协助有关部门做好本行政区域的畜禽养殖污染防治工作。

第六条 从事畜禽养殖以及畜禽养殖废弃物综合利用和无害化处理活动,应当符合国家有关畜禽养殖污染防治的要求,并依法接受有关主管部门的监督检查。

第七条 国家鼓励和支持畜禽养殖污染防治以及畜禽养殖废弃物综合利用和无害化处理的科学技术研究和装备研发。各级人民政府应当支持先进适用技术的推广,促进畜禽养殖污染防治水平的提高。

第八条 任何单位和个人对违反本条例规定的行为,有权向县级以上人民政府环境保护等有关部门举报。接到举报的部门应当及时调查处理。

对在畜禽养殖污染防治中作出突出贡献的单位和个人,按照国家有关规定给予表彰和奖励。

第二章 预 防

第九条 县级以上人民政府农牧主管部门编制畜牧业发展规划,报本级人民政府或者其授权的部门批准实施。畜牧业发展规划应当统筹考虑环境承载能力以及畜禽养殖污染防治要求,合理布局,科学确定畜禽养殖的品种、规模、总量。

第十条 县级以上人民政府环境保护主管部门会同农牧主管部门编制畜禽养殖污染防治规划,报本级人民政府或者其授权的部门批准实施。畜禽养殖污染防治规划应当与畜牧业发展规划相衔接,统筹考虑畜禽养殖生产布局,明确畜禽养殖污染防治目标、任务、重点区域,明确污染治理重点设施建设,以及废弃物综合利用等污染防治措施。

第十一条 禁止在下列区域内建设畜禽养殖场、养殖小区:

(一)饮用水水源保护区,风景名胜区;

(二)自然保护区的核心区和缓冲区;

(三)城镇居民区、文化教育科学研究区等人口集中区域;

(四)法律、法规规定的其他禁止养殖区域。

第十二条 新建、改建、扩建畜禽养殖场、养殖小区,应当符合畜牧业发展规划、畜禽养殖污染防治规划,满足动物防疫条件,并进行环境影响评价。对环境可能造成重大影响的大型畜禽养殖场、养殖小区,应当编制环境影响报告书;其他畜禽养殖场、养殖小区应当填报环境影响登记表。大型畜禽养殖场、养殖小区的管理目录,由国务院环境保护主管部门商国务院农牧主管部门确定。

环境影响评价的重点应当包括:畜禽养殖产生的废弃物种类和数量,废弃物综合利用和无害化处理方案和措施,废弃物的消纳和处理情况以及向环境直接排放的情况,最终可能对水体、土壤等环境和人体健康产生的影响以及控制和减少影响的方案和措施等。

第十三条 畜禽养殖场、养殖小区应当根据养殖规模和污染防治需要,建设相应的畜禽粪便、污水与雨水分流设施,畜禽粪便、污水的贮存设施,粪污厌氧消化和堆沤、有机肥加工、制取沼气、沼渣沼液分离和输送、污水处理、畜禽尸体处理等综合利用和无害化处理设施。已经委托他人对畜禽养殖废弃物代为综合利用和无害化处理的,可以不自行建设综合利用和无害化处理设施。

未建设污染防治配套设施、自行建设的配套设施不合格,或者未委托他人对畜禽养殖废弃物进行综合利用和无害化处理的,畜禽养殖场、养殖小区不得投入生产或者使用。

畜禽养殖场、养殖小区自行建设污染防治配套设施的,应当确保其正常运行。

第十四条 从事畜禽养殖活动,应当采取科学的饲养方式和废弃物处理工艺等有效措施,减少畜禽养殖废弃物的产生量和向环境的排放量。

第三章　综合利用与治理

第十五条 国家鼓励和支持采取粪肥还田、制取沼气、制造有机肥等方法,对畜禽养殖废弃物进行综合利用。

第十六条 国家鼓励和支持采取种植和养殖相结合的方式消纳利用畜禽养殖废弃物,促进畜禽粪便、污水等废弃物就地就近利用。

第十七条 国家鼓励和支持沼气制取、有机肥生产等废弃物综合利用以及沼渣、沼液输送和施用、沼气发电等相关配套设施建设。

第十八条 将畜禽粪便、污水、沼渣、沼液等用作肥料的,应当与土地的消纳能力相适应,并采取有效措施,消除可能引起传染病的微生物,防止污染环境和传播疫病。

第十九条 从事畜禽养殖活动和畜禽养殖废弃物处理活动,应当及时对畜禽粪便、畜禽尸体、污水等进行收集、贮存、清运,防止恶臭和畜禽养殖废弃物渗出、泄漏。

第二十条 向环境排放经过处理的畜禽养殖废弃物,应当符合国家和地方规定的污染物排放标准和总量控制指标。畜禽养殖废弃物未经处理,不得直接向环境排放。

第二十一条 染疫畜禽以及染疫畜禽排泄物、疫病畜禽产品、病死或者死因不明的畜禽尸体等病害畜禽养殖废弃物,应当按照有关法律、法规和国务院农牧主管部门的规定,进行深埋、化制、焚烧等无害化处理,不得随意处置。

第二十二条 畜禽养殖场、养殖小区应当定期将畜禽养殖品种、规模以及畜禽养殖废弃物的产生、排放和综合利用等情况,报县级人民政府环境保护主管部门备案。环境保护主管部门应当定期将备案情况抄送同级农牧主管部门。

第二十三条 县级以上人民政府环境保护主管部门应当依据职责对畜禽养殖污染防治情况进行监督检查,并加强对畜禽养殖环境污染的监测。

乡镇人民政府、基层群众自治组织发现畜禽养殖环境污染行为的,应当及时制止和报告。

第二十四条 对污染严重的畜禽养殖密集区域,市、县人民政府应当制定综合整治方案,采取组织建设畜禽养殖废弃物综合利用和无害化处理设施、有计划搬迁或者关闭畜禽养殖场所等措施,对畜禽养殖污染进行治理。

第二十五条 因畜牧业发展规划、土地利用总体规划、城乡规划调整以及划定禁止养殖区域,或者因对污染严重的畜禽养殖密集区域进行综合整治,确需关闭或者搬迁现有畜禽养殖场所,致使畜禽养殖者遭受经济损失的,由县级以上地方人民政府依法予以补偿。

第四章 激励措施

第二十六条 县级以上人民政府应当采取示范奖励等措施,扶持规模化、标准化畜禽养殖,支持畜禽养殖场、养殖小区进行标准化改造和污染防治设施建设与改造,鼓励分散饲养向集约饲养方式转变。

第二十七条 县级以上地方人民政府在组织编制土地利用总体规划过程中,应当统筹安排,将规模化畜禽养殖用地纳入规划,落实养殖用地。

国家鼓励利用废弃地和荒山、荒沟、荒丘、荒滩等未利用地开展规模化、标准化畜禽养殖。

畜禽养殖用地按农用地管理,并按照国家有关规定确定生产设施用地和必要的污染防治等附属设施用地。

第二十八条 建设和改造畜禽养殖污染防治设施,可以按照国家规定申请包括污染治理贷款贴息补助在内的环境保护等相关资金支持。

第二十九条 进行畜禽养殖污染防治,从事利用畜禽养殖废弃物进行有机肥产品生产经营等畜禽养殖废弃物综合利用活动的,享受国家规定的相关税收优惠政策。

第三十条 利用畜禽养殖废弃物生产有机肥产品的,享受国家关于化肥运力安排等支持政策;购买使用有机肥产品的,享受不低于国家关于化肥的使用补贴等优惠政策。

畜禽养殖场、养殖小区的畜禽养殖污染防治设施运行用电执行农业用电价格。

第三十一条 国家鼓励和支持利用畜禽养殖废弃物进行沼气发电,自发自用、多余电量接入电网。电网企业应当依照法律和国家有关规定为沼气发电提供无歧视的电网接入服务,并全额收购其电网覆盖范围内符合并网技术标准的多余电量。

利用畜禽养殖废弃物进行沼气发电的,依法享受国家规定的上网电价优惠政策。利用畜禽养殖废弃物制取沼气或进而制取天然气的,依法享受新能源优惠政策。

第三十二条 地方各级人民政府可以根据本地区实际,对畜禽养殖场、养殖小区支出的建设项目环境影响咨询费用给予补助。

第三十三条 国家鼓励和支持对染疫畜禽、病死或者死因不明畜禽尸体进行集中无害化处理,并按照国家有关规定对处理费用、养殖损失给予适当补助。

第三十四条 畜禽养殖场、养殖小区排放污染物符合国家和地方规定的污染物排放标准和总量控制指标,自愿与环境保护主管部门签订进一步削减污染物排放量协议的,由县级人民政府按照国家有关规定给予奖励,并优先列入县级以上人民政府安排的环境保护和畜禽养殖发展相关财政资金扶持范围。

第三十五条 畜禽养殖户自愿建设综合利用和无害化处理设施、采取措施减少污染物排放的,可以依照本条例规定享受相关激励和扶持政策。

第五章　法律责任

第三十六条　各级人民政府环境保护主管部门、农牧主管部门以及其他有关部门未依照本条例规定履行职责的,对直接负责的主管人员和其他直接责任人员依法给予处分;直接负责的主管人员和其他直接责任人员构成犯罪的,依法追究刑事责任。

第三十七条　违反本条例规定,在禁止养殖区域内建设畜禽养殖场、养殖小区的,由县级以上地方人民政府环境保护主管部门责令停止违法行为;拒不停止违法行为的,处 3 万元以上 10 万元以下的罚款,并报县级以上人民政府责令拆除或者关闭。在饮用水水源保护区建设畜禽养殖场、养殖小区的,由县级以上地方人民政府环境保护主管部门责令停止违法行为,处 10 万元以上 50 万元以下的罚款,并报经有批准权的人民政府批准,责令拆除或者关闭。

第三十八条　违反本条例规定,畜禽养殖场、养殖小区依法应当进行环境影响评价而未进行的,由有权审批该项目环境影响评价文件的环境保护主管部门责令停止建设,限期补办手续;逾期不补办手续的,处 5 万元以上 20 万元以下的罚款。

第三十九条　违反本条例规定,未建设污染防治配套设施或者自行建设的配套设施不合格,也未委托他人对畜禽养殖废弃物进行综合利用和无害化处理,畜禽养殖场、养殖小区即投入生产、使用,或者建设的污染防治配套设施未正常运行的,由县级以上人民政府环境保护主管部门责令停止生产或者使用,可以处 10 万元以下的罚款。

第四十条　违反本条例规定,有下列行为之一的,由县级以上地方人民政府环境保护主管部门责令停止违法行为,限期采取治理措施消除污染,依照《中华人民共和国水污染防治法》、《中华人民共和国固体废物污染环境防治法》的有关规定予以处罚:

（一）将畜禽养殖废弃物用作肥料，超出土地消纳能力，造成环境污染的；

（二）从事畜禽养殖活动或者畜禽养殖废弃物处理活动，未采取有效措施，导致畜禽养殖废弃物渗出、泄漏的。

第四十一条　排放畜禽养殖废弃物不符合国家或者地方规定的污染物排放标准或者总量控制指标，或者未经无害化处理直接向环境排放畜禽养殖废弃物的，由县级以上地方人民政府环境保护主管部门责令限期治理，可以处 5 万元以下的罚款。县级以上地方人民政府环境保护主管部门作出限期治理决定后，应当会同同级人民政府农牧等有关部门对整改措施的落实情况及时进行核查，并向社会公布核查结果。

第四十二条　未按照规定对染疫畜禽和病害畜禽养殖废弃物进行无害化处理的，由动物卫生监督机构责令无害化处理，所需处理费用由违法行为人承担，可以处 3 000 元以下的罚款。

第六章　附　　则

第四十三条　畜禽养殖场、养殖小区的具体规模标准由省级人民政府确定，并报国务院环境保护主管部门和国务院农牧主管部门备案。

第四十四条　本条例自 2014 年 1 月 1 日起施行。

附录 3

浙江省畜禽养殖污染防治办法

(浙江省人民政府第 46 次常务会议审议通过，
2015 年 7 月 1 日起施行)

第一条 为加强和规范畜禽养殖污染防治，推进畜禽养殖废弃物的综合利用和无害化处理，保护和改善环境，根据《中华人民共和国环境保护法》《畜禽规模养殖污染防治条例》等法律、法规，结合本省实际，制定本办法。

第二条 本办法适用于本省行政区域内畜禽养殖场(养殖小区)、养殖户的养殖污染防治。

本办法所称的畜禽养殖户，是指畜禽存栏数量未达到本办法第十条规定的规模标准，从事经营性畜禽养殖活动的单位和个人。畜禽养殖户的具体认定标准由县(市、区)人民政府确定。

第三条 畜禽养殖场(养殖小区)、养殖户承担畜禽养殖污染防治的主体责任，落实国家和省规定的畜禽养殖污染防治义务，并依法接受有关主管部门的监督检查。

第四条 县级以上人民政府应当加强畜禽养殖污染防治工作的组织领导，制定和完善畜禽养殖污染防治以及畜禽养殖废弃物综合利用扶持政策，加大资金投入，督促环境保护、农业行政主管部门以及其他有关部门依法履行职责。

乡(镇)人民政府应当按照职责做好畜禽养殖污染防治工作，协助环境保护、农业行政主管部门以及其他有关部门实施畜禽养殖污染防治工作。

第五条 县级以上人民政府环境保护行政主管部门负责畜禽

养殖污染防治的统一监督管理。

县级以上人民政府农业行政主管部门负责畜牧业监督管理以及畜禽养殖污染防治相关工作。

县级以上人民政府发展和改革、经济和信息化、财政、国土资源、规划、林业、水利、科技等行政主管部门按照各自职责,做好畜禽养殖污染防治相关工作。

第六条　村民自治组织可以制定和实施有关畜禽养殖废弃物处置等村规民约,对本村居民开展畜禽养殖污染防治的宣传教育,发现畜禽养殖污染环境的,应当及时制止并向环境保护行政主管部门报告。

畜禽养殖协会应当加强畜禽养殖污染防治的行业自律和诚信建设,防止和减少畜禽养殖环境污染行为。

第七条　县级以上人民政府农业、环境保护行政主管部门应当按照《畜禽规模养殖污染防治条例》规定的程序和要求,组织编制畜牧业发展规划、畜禽养殖污染防治规划,科学确定畜禽养殖的品种、规模和总量,落实畜禽养殖污染区域控制和污染物排放总量控制要求,并适时修订完善。

第八条　设区的市、县(市、区)人民政府应当按照法律、法规和有关技术规范的要求,组织划定禁止、限制养殖区域,并向社会公布。

第九条　禁止养殖区域内不得有畜禽养殖场(养殖小区)、养殖户从事畜禽养殖活动;已有的畜禽养殖场(养殖小区)、养殖户,由设区的市、县(市、区)人民政府限期转产转业、搬迁、关闭;造成其经济损失的,应当依法予以补偿。

限制养殖区域内应当严格控制畜禽养殖总量,削减污染物排放总量,不得超过畜禽养殖总量要求新建、改建和扩建畜禽养殖场(养殖小区)。农业行政主管部门应当定期将限制养殖区域内畜禽养殖总量情况告知同级环境保护行政主管部门。

第十条　畜禽养殖场(养殖小区)按照下列规模标准认定:

（一）生猪存栏 200 头以上；

（二）其他畜禽存栏数量按照省畜禽养殖业污染物排放标准规定的换算比例折算。

设区的市人民政府需要执行低于前款规定的规模标准的，应当向省环境保护行政主管部门提出方案，由省环境保护行政主管部门商农业行政主管部门后共同报请省人民政府批准。

第十一条 新建、改建和扩建畜禽养殖场（养殖小区），应当符合畜牧业发展规划和畜禽养殖污染防治规划，按照国家和省有关规定进行环境影响评价。

环境影响报告书（登记表）应当根据养殖规模和污染防治需要，提出畜禽养殖污染防治方案和措施，明确是否自行建设防治污染的设施（含综合利用和无害化处理设施，下同），以及是否委托从事废弃物综合利用和无害化处理服务的单位代为处置；以土地消纳畜禽养殖废弃物的，应当明确需要配套的土地面积。

环境影响报告书（登记表）确定畜禽养殖废弃物实行综合利用的，环境保护行政主管部门应当将其审批决定同时抄送同级农业行政主管部门；农业行政主管部门应当加强对相关设施建设、运行以及综合利用的指导、服务。

第十二条 畜禽养殖场（养殖小区）建设污染防治设施的，应当与主体工程同时设计、同时施工、同时投产使用。污染防治设施应当符合经批准的环境影响评价书（登记表）的要求，不得擅自拆除或者闲置。

建设污染防治设施的畜禽养殖场（养殖小区），应当建立相关设施运行管理台账。台账应当载明设施运行、维护情况以及相应污染物产生、排放和综合利用等情况。

畜禽养殖场（养殖小区）向环境排放经过处理的畜禽养殖废弃物，应当符合国家和省规定的污染物排放标准和污染物排放总量控制指标。

第十三条 畜禽养殖场（养殖小区）可以自行配套农田、园地、林地等对畜禽养殖废弃物就近就地消纳利用,也可以通过与养殖、种植经营者(基地、合作社)签订消纳协议进行异地消纳利用。具体消纳配置参数,由县(市、区)人民政府农业行政主管部门按照当地耕(林)地的消纳能力和区域环境容量等确定并公布。

畜禽养殖废弃物用作肥料的,应当与土地的消纳能力相适应,并采取有效措施,消除可能引起传染病的微生物。粪肥用量不能超过农作物生长所需的养分量。

农田、园地、林地等作为畜禽养殖废弃物消纳用地的,应当按照省有关要求配套建设储存池、输送管道、浇灌设施等设施设备,并保证其正常运行。

第十四条 畜禽养殖户应当通过综合利用、委托从事废弃物综合利用和无害化处理服务的单位代为处置等方式,对畜禽养殖废弃物进行处理,防止污染环境。畜禽养殖废弃物未经处理,不得直接向环境排放。

畜禽养殖户应当及时对畜禽粪便、畜禽尸体、污水等进行收集、贮存、清运,防止恶臭和畜禽养殖废弃物渗出、泄漏。

第十五条 染疫畜禽以及染疫畜禽排泄物、染疫畜禽产品、病死或者死因不明的畜禽尸体等病害畜禽养殖废弃物,应当按照国家和省有关动物防疫的规定进行无害化处理,不得随意处置。

第十六条 各级人民政府以及县级以上人民政府有关部门应当根据畜禽养殖污染防治的需要,组织建立和完善畜禽养殖废弃物综合利用社会服务体系,促进畜禽养殖废弃物收集、运输、处置和利用产业化发展。

第十七条 县级以上人民政府及其有关部门应当按照《畜禽规模养殖污染防治条例》《浙江省农业废弃物处理和利用促进办法》等规定,落实和完善畜禽养殖废弃物综合利用以及相关配套设施建设扶持措施,并为畜禽养殖场(养殖小区)、养殖户办理相关手续提供便利条件。

第十八条 县级以上人民政府环境保护行政主管部门应当加

强对畜禽养殖环境污染的监测和监督检查,及时查处违法行为。

乡(镇)人民政府、县级以上人民政府农业行政主管部门以及其他有关部门在履行畜禽养殖污染防治相关工作中发现畜禽养殖环境污染行为的,应当及时制止并向环境保护行政主管部门报告;环境保护行政主管部门应当依法及时处理。

第十九条 违反本办法规定的行为,《中华人民共和国环境保护法》《中华人民共和国固体废物污染环境防治法》《畜禽规模养殖污染防治条例》以及其他有关法律、法规已有法律责任规定的,从其规定。

第二十条 畜禽养殖户违反本办法第九条第一款规定,在禁止养殖区域内从事畜禽养殖活动的,由环境保护行政主管部门责令停止违法行为;拒不停止违法行为的,可以处 1 000 元以上5 000 元以下的罚款,并依法报请本级人民政府责令拆除或者关闭。

畜禽养殖户违反本办法第十四条规定,未经处理直接向环境排放畜禽养殖废弃物或者未采取有效措施,导致畜禽养殖废弃物渗出、泄漏的,由环境保护行政主管部门责令停止违法行为,采取措施消除污染,可以处 300 元以上 3 000 元以下的罚款。

第二十一条 违反本办法第十二条第二款规定,未建立污染防治设施运行管理台账的,由环境保护行政主管部门责令限期改正,可以处 3 000 元以上 1 万元以下的罚款。

第二十二条 违反本办法第十五条规定,未对染疫畜禽和病害畜禽养殖废弃物进行无害化处理的,由动物卫生监督机构责令无害化处理,可以处 3 000 元以下的罚款,所需处理费用由违法行为人承担。

第二十三条 设区的市、县(市、区)经依法批准,可以对畜禽养殖污染防治实行综合行政执法,并由综合行政执法部门在规定权限范围内实施。

第二十四条 设区的市、县(市、区)人民政府及其环境保护、

农业等行政主管部门有下列行为之一的,对直接负责的主管人员和其他直接责任人员依法给予行政处分:

(一)未按照规定落实禁止养殖、限制养殖区域制度的;

(二)依法应当作出停业、关闭的决定而未作出的;

(三)发现违法行为或者接到对违法行为的举报后不予查处的;

(四)其他滥用职权、玩忽职守、徇私舞弊的行为。

第二十五条 本办法自 2015 年 7 月 1 日起施行。

主要参考文献

[1]尹丽辉,刘钦云,谢可军,等.湖南省农业面源污染现状与防控对策[J].湖南农业科学,2011(23):61-64.

[2]王建英,邢鹏远,袁海萍.我国农业面源污染原因分析及防治对策[J].现代农业科技,2012(11):216-217.

[3]耿士均,陆文晓.农业面源污染的现状与修复[J].安徽农业科学,2010(25).

[4]孙生龙,等.环境污染与控制[M].北京:化学工业出版社,2001.

[5]韩素清,迟翔.土壤污染的类型及影响和危害[J].化工之友,2007(5):32-34.

[6]张金玲.土壤污染的危害与防治[J].科技致富向导,2012(36):315.

[7]张硕.畜禽粪污的"四化"处理[M].北京:中国农业科技出版社,2007.

[8]王伟国.规模猪场的设计与管理[M].北京:中国农业科学技术出版社,2006.

[9]王绍文,等.固体废弃物资源化技术与应用[M].北京:冶金工业出版社,2003.

[10]宋玉,赵由才.生活垃圾处理与资源化技术手册[M].北京:冶金工业出版社,2007.

[11]刘巽洁,等.秸秆还田的机理与技术模式[M].北京:中国农业出版社,2001.

[12]赵荣,等.对于我国农作物秸秆资源及其利用现状研究[J].中国农资2014(8):283.

[13]唐金秋,徐光启.秸秆综合利用技术[J].农机科技推广,2003(4):10-11.

[14]杨洪岩,崔宗均,王小芬,等.秸秆发酵饲料添加剂及其研究进展

[J].畜牧与兽医,2005,37(6):50-51.

[15]李泉临,秦大东.秸秆固化成型燃料开发利用初探[J].可再生能源,2008,26(5):116-118.

[16]栾云松.秸秆固化技术(上)[J].农村能源,2008(2):60-61.

[17]栾云松.秸秆固化技术(中)[J].农村能源,2008(3):55-56.

[18]栾云松.秸秆固化技术(下)[J].农村能源,2008(4):61.

[19]周良.对国内秸秆利用现状的思考[J].安徽农业科学,2012(32):15 853-15 855.

[20]汪翔.江苏农作物秸秆综合利用现状及对策研究[J].安徽农业科学,2012(5):2 945-2 947.

[21]韩捷,向欣,李想,秸秆能源化利用新途径—覆膜槽秸秆生物气化技术[D].2008国际沼气学术研讨会暨产业化论坛资料汇编,2006:156-158,

[22]韩鲁佳,闫巧娟,等.中国农作物秸秆资源及其利用现状[J].农业工程学报,2002,18(3):87-91.

[23]安传富,等.秸秆饲料加工常用方法[J].饲料助剂,2010(2):45-46.

[24]郑焱,等.秸秆在食用菌栽培中的应用[J].吉林农业,2012(2):74.

[25]曹喜全.秸秆微贮技术及其优点[C].中国农学会秸秆资源利用分会成立大会暨高峰论坛论文集:195-196.

[26]翁伟,杨继涛,赵青玲,等.我国秸秆资源化技术现状及其发展方向[J].中国资源综合利用,2004(7):18-21.

[27]周如太.农作物秸秆加工成饲料的几种新技术[J].农牧产品开发,1995(8):25-26.

[28]姚政,王树红,等.上海郊区秸秆还田现状与对策探讨[J].农村环境与发展,2001(3):40-41.

[29]李秀金.新技术助推秸秆沼气产业化[N].科学时报,2008(2):18.

[30]李想,赵立欣,韩捷,等.农业废弃物资源化利用新方向——干法厌氧发酵技术[J].中国沼气,2006,24(4):23-27.

[31]朱琳等.秸秆膨化颗粒饲料生产工艺的研究[J].中国农机化,2006(1):53-56.

[32]胡永源.粮油加工技术[M].北京:化学工业出版社,2006.

[33]刘英.谷物加工工程[M].北京:化学工业出版社,2005.

[34]徐瑞,王晓曦,谭晓蓉.麦加工副产品——麦麸的综合利用[J].现代

面粉工业,2011,25(6):33-35.

[35]刘晓军.丰富多彩的小麦加工副产品[J].农产品加工,2007(1):16-18.

[36]李书国,李雪梅,刘妍春,等.麦胚与麦麸保健食品的研制开发[J].粮油食品科技,2004,12(5):22-23.

[37]陈凤莲,方桂珍.生物技术在小麦麸皮深加工方面的应用[J].粮食加工,2005,30(6):43-46.

[38]安艳霞,李水莲,王亚平.麦麸皮的功能成分及加工利用现状[J].粮食流通技术,2011(2):41-43.

[39]王良仓.小麦加工副产品的综合利用[J].食品科学,2012(10):344,346.

[40]丁正国.啤酒酿造副产品的综合利用[J].江苏食品与发酵,1997(1):33-37.

[41]徐刚,王虹,高文瑞,等.我国对中药渣资源化利用的研究[C].金陵科技学院学报,2009,25(4):74-76.

[42]陈缤,贾天柱.中药渣的综合利用[J].中成药,2005(10):1 203-1 205.

[43]吴纯洁,王一涛,雷佩琳.中药药渣的综合利用与处理[J].中国中药杂志,1998,23(1):59-60.

[44]周孟津,等.沼气实用利用技术[M].北京:化学工业出版社,2004.

[45]罗信昌,陈士瑜.中国菇业大典[M].北京:清华大学出版社,2010.

[46]周松林.菌渣的利用——生产燃气[J].食用菌,2002(1):6.

[47]郭建恩,胡传久,魏海龙.利用香菇菌渣栽培姬菇的试验[J].食用菌,2014(6):26-27.

[48]谭伟,郭勇,甘炳成.姬菇无公害标准化栽培技术要点[J].食用菌,2008(3):39-40.

[49]龚建英,代学民,高云霞,等.蔬菜废物的堆肥处理技术的现状及发展趋势[R].河北建筑工程学院学报,2014,32(1):65-66.

[50]张金霞,等.无公害食用菌安全生产手册[M].北京:中国农业出版社,2008.

[51]李民.规模化畜禽养殖场粪污污染与防治措施[J].农业科技通讯,2001(10):22-23.

[52]常志州,朱万宝,叶小梅,等.畜禽粪便除臭及生物干燥技术研究进展[J].农村生态环境,2000,16(1):41-43,52.

[53]江苏农业科学院.攻克畜禽粪便污染问题[J].兽药与饲料添加剂,2002(7):48.

[54]周元军.畜禽粪便对环境的污染及治理对策[J].医学动物防制,2003,19(6):350-354.

[55]任东.畜禽粪便的开发利用.江西饲料,2000(6):23-25.

[56]董克虞.畜禽粪便对环境的污染及资源化途径[J].农业环境保护,1998.7(6):281-283.

[57]李庆康.畜禽粪便的无害化处理及肥料化利用[J].山东家禽,2002(4):14-16.

[58]邓厚群.生物饲料——蚯蚓的开发利用 第四讲 蚯蚓的养殖方法(下)[J].渔业致富指南,2000(2):39-40.

[59]胡秀清,张瑞颖.食用菌废弃物再利用的N个模式[J].农家之友,2014(5):12-13.

[60]王金华,刘斌,温天彩,等.蔬菜废弃有机物无害化处理及再利用技术研究[J].现代农业科技,2014(6):230,237.

[61]田彩霞.邯郸县乡村清洁循环利用技术模式[J].河北农业科技,2008(3):47-48.

[62]冯春燕.我国畜禽养殖业污染现状及治理对策分析[J].中国畜禽种业,2014(4):3-5.

[63]刘辉,王凌云,刘忠珍,等.我国畜禽粪便污染现状与治理对策[J].广东农业科学,2010(6):213-216.

[64]姚向君,郝先荣,郭宪章.畜禽养殖场能源环保工程的发展及其商业化运作模式的探讨[J].农业工程学报.2002,18(1):181-184.

[65]李远,单正军,徐德徽.我国畜禽养殖业的环境影响与管理政策初探[J].中国生态农业学报,2002,10(2):136-138.

[66]赵晨曦,肖波,禹逸君.畜禽粪便污染和处理技术现状与发展趋势[J].湖南农业科学,2003(6):52-55.

[67]刘卫东,黄炎昆.鸡场粪便的综合治理[J].畜牧兽医杂志,2000,19(1):25.

[68]焦桂枝,典平鸽,马照民.养殖场畜禽粪便的污染及综合利用[J].天

中学刊,2003,18(2):53-54.

[69]赵青玲,杨继涛,李遂亮,等.畜禽粪便资源化利用技术的现状及展望[J].河南农业大学学报,2003,37(2):184-187.

[70]李淑芹,胡玖坤.畜禽粪便污染及治理技术[J].可再生能源,2003(1):21-23.

[71]张肇富.用豆腐渣制造食用纸[J].中国物资再生,1998(10):9-10.

[72]张安福.畜禽养殖污染治理刻不容缓[J].湖南农业科学,2012(12):10-12.

[73]刘晓军.油菜籽加工副产品的开发利用[J].农产品加工,2007(9):14-15.

[74]孙向阳,索林娜,徐佳,等.园林绿化废弃物处理的现状及政策[J].园林,2012(2):12-17.

[75]戴敬,吴俊,姜新文,等.沼气——发展循环农业的重要纽带[J].江苏农村经济,2011(1):47-49.

[76]陈为,孟红英,王永军.沼渣、沼液的养分含量及安全性研究[J].安徽农业科学,2014,42(23):7 960-7 962.

[77]王红彦,王道龙,李建政,等.中国稻壳资源量估算及其开发利用[J].江苏农业科学,2012,40(1):298-300.

[78]蔡碧琼,陈新香,黄明堦,等.稻壳的综合利用及研究进展[J].农产品加工:学刊,2010(4):55-59.

[79]朱永义.稻壳综合利用技术与产业化前景[J].粮食加工,2010(1):43-45.

[80]李玥.稻壳综合利用的研究[D].无锡:江南大学,2004.

[81]刘晓峰,李莉.稻壳的综合开发利用[J].山东食品发酵,2009(3):27-31.

[82]毕于运.秸秆资源评价与利用研究[D].北京:中国农业科学院,2010.

[83]周肇秋,马隆龙,李海滨,等.中国稻壳资源状况及其气化/燃烧发电前景[J].可再生能源,2004(6):7-9.

[84]毕于运,等.中国秸秆资源综合利用技术[M].北京:中国农业科学技术出版社,2008.

[85]章云,陈太林,秦永昊,等.稻壳综合利用[J].河南建材,2010(2):

58 -59.

[86]付雅琴,周晨,姚红兵,等.稻壳的综合利用[J].现代化农业,1999(1):34-35.

[87]郑平.豆腐渣的开发利用[J].资源开发,2010(10):19-21.

[88]河南省南阳地区土产公司.利用棉籽壳培养食用菌类[J].农业科技通讯,1977(7):20-21.

[89]麻越佳.稻壳制备燃料乙醇及综合利用[D].河南大学,2011.

[90]邱凌.两步发酵多功能沼气池施工技术研究[J].中国沼气,1993,11(3):26-29.

[91]王川,施六林,宣云.低碳农业与机械化秸秆还田技术应用[J].安徽农业科学,2013(3).

[92]王玮,孙岩斌,周祺,等.国内畜禽厌氧消化沼液还田研究进展[J].中国沼气,2015(2):51-57.

[93]张园.农作物秸秆综合利用之食用菌栽培技术[J],农业开发与装备,2014(6):125.